大学物理习题精解系列

量子力学教程习题剖析

孙婷雅 编

科学出版社
北京

内 容 简 介

本书是《量子力学教程》(曾谨言著)书中习题的解答.约一半习题可以在《量子力学习题精选与剖析》(钱伯初、曾谨言著)和《量子力学》(曾谨言著)卷Ⅰ、Ⅱ中找到解答.经征得作者同意,这部分作为附录收在本书后部.

全书内容大致可分为四部分:(1)第1,3,4章是为加强对量子力学基本概念和原理的理解;(2)第2,5,6章是简单应用题;(3)第7,8,9章则涉及量子力学的代数解法;(4)第10,11,12章是近似方法的练习.

本书可供量子力学教师和学习量子力学的读者参考.

图书在版编目(CIP)数据

量子力学教程习题剖析/孙婷雅编. —北京:科学出版社,2004.1
(大学物理习题精解系列)
ISBN 978-7-03-012115-8

Ⅰ.量… Ⅱ.孙… Ⅲ.量子力学-高等学校-解题 Ⅳ.O413.1-44

中国版本图书馆CIP数据核字(2003)第079766号

责任编辑:窦京涛/责任校对:陈丽珠
责任印制:张 伟/封面设计:陈 敬

科学出版社 出版
北京东黄城根北街16号
邮政编码:100717
http://www.sciencep.com
固安县铭成印刷有限公司 印刷
科学出版社发行 各地新华书店经销
*
2004年1月第 一 版 开本:B5(720×1000)
2023年11月第十八次印刷 印张:9 3/4
字数:183 000

定价:35.00元

(如有印装质量问题,我社负责调换)

序　言

2002年秋，编者有幸作为访问学者到北京大学物理学院进修和工作．选听了普通物理、理论物理等基础课和基础理论课．北京大学许多老师高水平的教学、诲人不倦的精神和深入浅出的讲课风范，给我留下深刻的印象．特别是在2003年春，曾谨言老师给清华大学基础科学班（本科二下）讲授量子力学课，我参加了全部教学环节．曾老师不仅教学严谨，讲课富于启发性，而且鼓励同学们勤于思考，敢于超过老师．基础科学班一些同学在曾老师的鼓励下，边学习边运用，写出了一些质量很高的研究报告，其中有的已经（或即将）发表在重要学术期刊上．这一届量子力学教学，选用了科学出版社2003年出版的《量子力学教程》为教材．在曾老师的鼓励下，我对该教程中的习题做了解答，同时参照了基础科学班一些同学所做的习题，编写了这本《量子力学教程习题剖析》．为此，我要感谢基础科学班这些同学，其中有王雪、胡盛穗、郑维喆、王岚君、王丰、张剑、汪源等同学．对《量子力学教程》中的习题，凡是能在《量子力学习题精选与剖析》（钱伯初、曾谨言著，科学出版社，1999年）中找到解答的，本书给出在该书中的出处，或给出答案，读者可径直去查阅该书，或者看本书附录．

作为来自我国西部的地方院校的教师，我深感这样的资料，用作教师教学的辅助和参考，可能是很有裨益的．现由科学出版社出版，以飨各位同行．由于编者水平和教学经验所限，解答中肯定有不完善，不妥当，甚至错误的地方，希望阅览和使用本书的读者提出宝贵的修改意见，以便重印时进行修改和补充．

在北京大学这一年的访问学者经历，使我终生难忘．编者对曾谨言老师的鼓励和帮助表示衷心感谢．

孙婷雅

2003年7月

目　　录

第 1 章　波函数与 Schrödinger 方程

1.1　设质量为 m 的粒子在势场 $V(\boldsymbol{r})$ 中运动.

(a) 证明粒子的能量平均值为 $E = \int W \mathrm{d}^3 r$,式中

$$W = \frac{\hbar^2}{2m} \nabla \psi^* \cdot \nabla \psi + \psi^* V \psi \qquad \text{(能量密度)}$$

(b) 证明能量守恒公式

$$\frac{\partial W}{\partial t} + \nabla \cdot \boldsymbol{s} = 0$$

$$\boldsymbol{s} = -\frac{\hbar^2}{2m}\left(\frac{\partial \psi^*}{\partial t} \nabla \psi + \frac{\partial \psi}{\partial t} \nabla \psi^*\right) \quad \text{(能流密度)}$$

证明

(a) 粒子能量平均值为(设 ψ 已归一化)

$$E = \int \psi^* \left(-\frac{\hbar^2}{2m} \nabla^2 + V\right) \psi \mathrm{d}^3 r = \overline{T} + \overline{V}$$

$$\overline{V} = \int \psi^* V \psi \mathrm{d}^3 r \qquad \text{(势能平均值)}$$

$$\overline{T} = \int \psi^* \left(-\frac{\hbar^2}{2m} \nabla^2 \right) \psi \mathrm{d}^3 r \quad \text{(动能平均值)}$$

$$= -\frac{\hbar^2}{2m} \int [\nabla \cdot (\psi^* \nabla \psi) - (\nabla \psi^*) \cdot (\nabla \psi)] \mathrm{d}^3 r$$

其中第一项可化为面积分,对于归一化的波函数,可以证明此面积分为零(见《量子力学教程》,18 页脚注),所以

$$\overline{T} = \frac{\hbar^2}{2m} \int \nabla \psi^* \cdot \nabla \psi \mathrm{d}^3 r$$

(b) 按能量密度 W 和能流密度 $\boldsymbol{s}$ 的定义

$$\frac{\partial W}{\partial t} = \frac{\hbar^2}{2m} (\nabla \dot{\psi}^* \cdot \nabla \psi + \nabla \psi^* \cdot \nabla \dot{\psi}) + \dot{\psi}^* V \psi + \psi^* V \dot{\psi}$$

$$= \frac{\hbar^2}{2m} \Big(\nabla \cdot (\dot{\psi}^* \cdot \nabla \psi + \dot{\psi} \nabla \psi^*) - (\dot{\psi}^* \nabla^2 \psi + \dot{\psi} \nabla^2 \psi^*) \Big) + \dot{\psi}^* V \psi + \psi^* V \dot{\psi}$$

$$= -\nabla \cdot \boldsymbol{s} + \dot{\psi}^* \left(-\frac{\hbar^2}{2m} \nabla^2 + V\right) \psi + \dot{\psi} \left(-\frac{\hbar^2}{2m} \nabla^2 + V\right) \psi^*$$

$$= -\nabla\cdot \boldsymbol{s} + \mathrm{i}\hbar\dot{\psi}^*\dot{\psi} - \mathrm{i}\hbar\dot{\psi}\dot{\psi}^* = -\nabla\cdot \boldsymbol{s}$$

因此

$$\frac{\partial W}{\partial t} + \nabla\cdot \boldsymbol{s} = 0$$

1.2 考虑单粒子的 Schrödinger 方程

$$\mathrm{i}\hbar\frac{\partial}{\partial t}\psi(\boldsymbol{r},t) = -\frac{\hbar^2}{2m}\nabla^2\psi(\boldsymbol{r},t) + [V_1(\boldsymbol{r}) + \mathrm{i}V_2(\boldsymbol{r})]\psi(\boldsymbol{r},t)$$

V_1 与 V_2 为实函数.

(a) 证明粒子的概率(粒子数)不守恒;

(b) 证明粒子在空间体积 τ 内的概率随时间的变化为

$$\frac{\mathrm{d}}{\mathrm{d}t}\iiint_\tau \mathrm{d}^3 r\psi^*\psi = -\frac{\hbar}{2\mathrm{i}m}\iint_S(\psi^*\nabla\psi - \psi\nabla\psi^*)\cdot\mathrm{d}\boldsymbol{S} + \frac{2}{\hbar}\iiint_\tau V_2(\boldsymbol{r})\mathrm{d}^3 r\psi^*\psi$$

证明

由 Schrödinger 方程

$$\mathrm{i}\hbar\frac{\partial}{\partial t}\psi = -\frac{\hbar^2}{2m}\nabla^2\psi + [V_1 + \mathrm{i}V_2]\psi \tag{1}$$

取复共轭

$$-\mathrm{i}\hbar\frac{\partial}{\partial t}\psi^* = -\frac{\hbar^2}{2m}\nabla^2\psi^* + [V_1 - \mathrm{i}V_2]\psi^* \tag{2}$$

$(1)\times\psi^* - (2)\times\psi$ 得

$$\mathrm{i}\hbar\frac{\partial(\psi^*\psi)}{\partial t} = -\frac{\hbar^2}{2m}(\psi^*\nabla^2\psi - \psi\nabla^2\psi^*) + 2\mathrm{i}V_2\psi^*\psi$$

$$= -\frac{\hbar^2}{2m}\nabla\cdot(\psi^*\nabla\psi - \psi\nabla\psi^*) + 2\mathrm{i}V_2\psi^*\psi$$

积分,利用 Stokes 定理

$$\frac{\partial}{\partial t}\int_\tau \mathrm{d}^3 r\psi^*\psi = -\frac{\hbar}{2\mathrm{i}m}\iint_S \mathrm{d}\boldsymbol{S}\cdot(\psi^*\nabla\psi - \psi\nabla\psi^*) + \frac{2}{\hbar}\int \mathrm{d}^3 r V_2\psi^*\psi$$

对于可归一化波函数,当 $\tau\to\infty$,上式第一项(面积分)为 0,而 $V_2\neq 0$,所以 $\frac{\partial}{\partial t}\int_\tau \mathrm{d}^3 r\psi^*\psi$ 不为 0,即粒子数不守恒.

1.3 对于一维自由粒子,

(a) 设波函数为 $\psi_p(x) = \frac{1}{\sqrt{2\pi\hbar}}\mathrm{e}^{\mathrm{i}px/\hbar}$,试用 Hamilton 算符 $H = \frac{p^2}{2m} = -\frac{\hbar^2}{2m}\frac{\mathrm{d}^2}{\mathrm{d}x^2}$ 对 $\psi_p(x)$ 运算,验证 $H\psi_p(x) = \frac{p^2}{2m}\psi_p(x)$;说明动量本征态 $\psi_p(x)$ 是 Hamilton 量(能

量)本征态,能量本征值为 $E=p^2/2m$;

(b) 设粒子在初始($t=0$)时刻,$\psi(x,0)=\psi_p(x)$,求 $\psi(x,t)$;

(c) 设波函数为 $\psi(x)=\delta(x)=\dfrac{1}{\sqrt{2\pi}}\int e^{ikx}dk=\dfrac{1}{\sqrt{2\pi\hbar}}\int e^{ipx/\hbar}dp$,可以看成无穷多个平面波 e^{ikx} 的叠加,即无穷多个动量本征态 $e^{ipx/\hbar}$ 的叠加.试问 $\psi(x)=\delta(x)$ 是否是能量本征态?

(d) 设粒子在 $t=0$ 时刻 $\psi(x,0)=\delta(x)$,求 $\psi(x,t)$.

解

(a) 容易计算出

$$H\psi_p=-\frac{\hbar^2}{2m}\frac{d^2}{dx^2}\left(\frac{1}{\sqrt{2\pi\hbar}}e^{ipx/\hbar}\right)=\frac{p^2}{2m}\psi_p$$

所以动量本征态 $\psi_p(x)$ 是 Hamilton 量(能量)的本征态,能量本征值为 $E=p^2/2m$;

(b) $\psi(x,0)=e^{ip_0x/\hbar}$,其 Fourier 变换为

$$\varphi(p)=\frac{1}{\sqrt{2\pi\hbar}}\int_{-\infty}^{+\infty}e^{ip_0x/\hbar}e^{-ipx/\hbar}dx=\sqrt{2\pi\hbar}\,\delta(p-p_0)$$

由于 $\psi(x,0)$ 是能量本征态,按《量子力学教程》1.2 节,(37)式,

$$\psi(x,t)=\frac{1}{\sqrt{2\pi\hbar}}\int_{-\infty}^{+\infty}\sqrt{2\pi\hbar}\,e^{ipx/\hbar}\delta(p-p_0)dp\cdot e^{-iEt/\hbar}=e^{ip_0x/\hbar-iEt/\hbar}$$

(c) 对于自由粒子,动量本征态,亦即能量本征态.由于 $\delta(x)$ 是无穷多个动量本征态 $e^{ipx/\hbar}$ 的叠加,所以 $\psi(x)=\delta(x)$ 不是能量本征态.

(d) 因为 $\psi(x,0)=\delta(x)$,按《量子力学教程》1.2 节,(5)式

$$\varphi(p)=\frac{1}{\sqrt{2\pi\hbar}}\int_{-\infty}^{+\infty}\delta(x)e^{-ipx/\hbar}dx=(2\pi\hbar)^{-\frac{1}{2}}$$

所以

$$\psi(x,t)=\frac{1}{2\pi\hbar}\int_{-\infty}^{+\infty}e^{i(px-Et)/\hbar}dp=\frac{1}{2\pi\hbar}\int_{-\infty}^{+\infty}e^{i\left(px-\frac{p^2}{2m}t\right)/\hbar}dp=\sqrt{\frac{m}{2\pi\hbar t}}e^{-i\frac{\pi}{4}}e^{i\frac{mx^2}{2\hbar t}}$$

计算中利用了积分公式

$$\int_{-\infty}^{+\infty}\cos\xi^2d\xi=\int_{-\infty}^{+\infty}\sin\xi^2d\xi=\sqrt{\pi/2},\text{或}\int_{-\infty}^{+\infty}e^{i\xi^2}d\xi=\sqrt{\pi}e^{i\pi/4}.\ \text{所以}$$

$$|\psi(x,t)|^2=\frac{m}{2\pi\hbar t}$$

1.4 设一维自由粒子的初态为一个 Gauss 波包,

$$\psi(x,0)=e^{ip_0x/\hbar}\frac{1}{(\pi a^2)^{1/4}}e^{-x^2/2a^2}$$

(1) 证明初始时刻,$\bar{x}=0$,$\bar{p}=p_0$,

$$\Delta x = \left[\overline{(x-\bar{x})^2}\right]^{1/2} = \alpha/\sqrt{2}$$

$$\Delta p = \left[\overline{(p-\bar{p})^2}\right]^{1/2} = \hbar/\sqrt{2}\alpha$$

$$\Delta x \cdot \Delta p = \hbar/2$$

(2) 计算 t 时刻的波函数.

解

(1) 初始时刻

$$\bar{x} = \int_{-\infty}^{+\infty} x \mid \psi \mid^2 \mathrm{d}x = \int_{-\infty}^{+\infty} x \frac{1}{\sqrt{\pi\alpha^2}} \mathrm{e}^{-x^2/\alpha^2} \mathrm{d}x = 0$$

$$\overline{x^2} = \int_{-\infty}^{+\infty} x^2 \mid \psi \mid^2 \mathrm{d}x = \int_{-\infty}^{+\infty} x^2 \frac{1}{\sqrt{\pi\alpha^2}} \mathrm{e}^{-x^2/\alpha^2} \mathrm{d}x = \frac{\alpha^2}{2}$$

$$\Delta x = (\overline{x^2} - \bar{x}^2)^{1/2} = \frac{\alpha}{\sqrt{2}}$$

按《量子力学教程》1.2 节,(18)式之逆变换

$$\begin{aligned}
\varphi(p) &= \frac{1}{\sqrt{2\pi\hbar}} \int_{-\infty}^{+\infty} \psi(x,0) \mathrm{e}^{-\mathrm{i}px/\hbar} \mathrm{d}x \\
&= \frac{1}{\sqrt{2\pi\hbar}} \int_{-\infty}^{+\infty} \mathrm{e}^{\mathrm{i}p_0 x/\hbar} \frac{1}{(\pi\alpha^2)^{1/4}} \mathrm{e}^{-x^2/2\alpha^2} \mathrm{e}^{-\mathrm{i}px/\hbar} \mathrm{d}x \\
&= (\alpha^2/\pi)^{1/4} \mathrm{e}^{-\alpha^2(p-p_0)^2/2\hbar^2}
\end{aligned}$$

$$\mid \varphi(p) \mid^2 = \sqrt{\alpha^2/\pi}\, \mathrm{e}^{-\alpha^2(p-p_0)^2/\hbar^2}$$

所以

$$\bar{p} = \int_{-\infty}^{+\infty} p \mid \varphi(p) \mid^2 \mathrm{d}p = p_0$$

$$\overline{p^2} = \int_{-\infty}^{+\infty} p^2 \mid \varphi(p) \mid^2 \mathrm{d}p = p_0^2 + \frac{\hbar^2}{2\alpha^2}$$

$$\Delta p = (\overline{p^2} - \bar{p}^2)^{1/2} = \frac{\hbar}{\sqrt{2}\alpha}$$

$$\Delta x \cdot \Delta p = \hbar/2$$

(2) 按《量子力学教程》1.2 节的讨论(见 1.2 节,(5)式,(18)式)可知,在 $t>0$ 时的波函数

$$\begin{aligned}
\psi(x,t) &= \frac{1}{\sqrt{2\pi\hbar}} \int \varphi(p) \exp\left[\frac{\mathrm{i}}{\hbar}\left(px - \frac{p^2 t}{2m}\right)\right] \mathrm{d}p \\
&= \left[\sqrt{\pi}\left(\alpha + \frac{\mathrm{i}\hbar t}{m\alpha}\right)\right]^{-1/2} \exp\left[\frac{\mathrm{i}p_0}{\hbar}\left(x - \frac{p_0 t}{m}\right) - \frac{(x - p_0 t/m)^2}{2\alpha^2(1 + \mathrm{i}\hbar t/m\alpha^2)}\right]
\end{aligned}$$

$$|\psi(x,t)|^2=\frac{1}{\sqrt{\pi}\left(\alpha^2+\frac{\hbar^2t^2}{m^2\alpha^2}\right)^{1/2}}\cdot\exp\left[-\frac{(x-p_0t/m)^2}{\alpha^2+\hbar^2t^2/m^2\alpha^2}\right],$$

$$\bar{x}(x)=\frac{p_0t}{m}$$

$$\overline{\Delta x}(t)=\frac{\alpha}{\sqrt{2}}\left(1+\frac{\hbar^2t^2}{m^2\alpha^4}\right)^{1/2}\approx\frac{\hbar t}{\sqrt{2}m\alpha}\qquad(t\to\infty)$$

$$\overline{\Delta x}(t=0)=\frac{\alpha}{\sqrt{2}}=10^{-15}\mathrm{m}$$

$$\overline{\Delta x}(t)\approx\frac{\hbar\cdot300000\times365\times24\times60\times60}{\sqrt{2}\times0.001\times\sqrt{2}\times10^{-15}}=4.98\times10^{-2}\mathrm{m}$$

可见随时间的增加,波包逐渐扩散,振幅逐渐减小,而其宽度 Δx 逐渐增大.

1.5 设一维自由粒子的初态为 $\psi(x,0)$. 证明在足够长时间后,

$$\psi(x,t)=\sqrt{\frac{m}{\hbar t}}\exp[-\mathrm{i}\pi/4]\cdot\exp\left[\frac{\mathrm{i}mx^2}{2\hbar t}\right]\cdot\varphi\left(\frac{mx}{\hbar t}\right)$$

式中

$$\varphi(k)=\frac{1}{\sqrt{2\pi}}\int_{-\infty}^{+\infty}\psi(x,0)\mathrm{e}^{-\mathrm{i}kx}\mathrm{d}x$$

是 $\psi(x,0)$的 Fourier 变换.

提示 利用
$$\lim_{\alpha\to\infty}\sqrt{\frac{\alpha}{\pi}}\mathrm{e}^{\mathrm{i}\pi/4}\mathrm{e}^{-\mathrm{i}\alpha x^2}=\delta(x)$$

证明

根据自由粒子的动量(能量)本征态随时间变化的规律 $\mathrm{e}^{\mathrm{i}kx}\to\mathrm{e}^{\mathrm{i}(kx-\omega t)}$,式中 $\omega=E/\hbar=\hbar k^2/2m$,所以时刻 t 的波函数为

$$\psi(x,t)=\frac{1}{\sqrt{2\pi}}\int_{-\infty}^{+\infty}\varphi(k)\mathrm{e}^{\mathrm{i}(kx-\hbar tk^2/2m)}\mathrm{d}k$$

当时间足够长后($t\to\infty$),利用积分公式

$$\lim_{\alpha\to\infty}\sqrt{\frac{\alpha}{\pi}}\mathrm{e}^{\mathrm{i}\pi/4}\mathrm{e}^{-\mathrm{i}\alpha x^2}=\delta(x)$$

上式被积函数中指数函数具有 δ 函数的性质,即

$$\psi(x,t)\approx\frac{1}{\sqrt{2\pi}}\mathrm{e}^{\mathrm{i}mx^2/2\hbar t}\sqrt{\frac{2\pi m}{\hbar t}}\mathrm{e}^{-\mathrm{i}\pi/4}\int\varphi(k)\delta\left(k-\frac{mx}{\hbar t}\right)\mathrm{d}k$$

$$=\sqrt{\frac{m}{\hbar t}}\mathrm{e}^{-\mathrm{i}\pi/4}\mathrm{e}^{\mathrm{i}mx^2/(2\hbar t)}\varphi\left(\frac{mx}{\hbar t}\right)$$

1.6 按照粒子密度分布 ρ 和粒子流密度分布 $\boldsymbol{j}$ 的表示式(1.2 节式(13),(14))

$$\rho(\boldsymbol{r},t)=\psi^*(\boldsymbol{r},t)\psi(\boldsymbol{r},t)$$

$$\boldsymbol{j}(\boldsymbol{r},t)=-\frac{\mathrm{i}\hbar}{2m}[\psi^*(\boldsymbol{r},t)\nabla\psi(\boldsymbol{r},t)-\psi(\boldsymbol{r},t)\nabla\psi^*(\boldsymbol{r},t)]$$

定义粒子的速度分布 $\boldsymbol{v}$

$$\boldsymbol{v}=\frac{\boldsymbol{j}}{\rho}=-\frac{\mathrm{i}\hbar}{2m}\left[\frac{\nabla\psi(\boldsymbol{r},t)}{\psi(\boldsymbol{r},t)}-\frac{\nabla\psi^*(\boldsymbol{r},t)}{\psi^*(\boldsymbol{r},t)}\right]$$

证明 $\nabla\times\boldsymbol{v}=0$. 设想 $\boldsymbol{v}$ 描述一个速度场,则 $\boldsymbol{v}$ 为一个无旋场.

证明

按照上述 $\boldsymbol{v}$ 的定义,可知

$$\begin{aligned}\boldsymbol{v}&=-\frac{\mathrm{i}\hbar}{2m}\left[\frac{\nabla\psi(\boldsymbol{r},t)}{\psi(\boldsymbol{r},t)}-\frac{\nabla\psi^*(\boldsymbol{r},t)}{\psi^*(\boldsymbol{r},t)}\right]\\&=-\frac{\mathrm{i}\hbar}{2m}[\nabla\ln\psi(\boldsymbol{r},t)-\nabla\ln\psi^*(\boldsymbol{r},t)]\\&=-\frac{\mathrm{i}\hbar}{2m}\nabla\ln\frac{\psi(\boldsymbol{r},t)}{\psi^*(\boldsymbol{r},t)}\end{aligned}$$

$$\nabla\times\boldsymbol{v}=-\frac{\mathrm{i}\hbar}{2m}\nabla\times\nabla\ln\frac{\psi(\boldsymbol{r},t)}{\psi^*(\boldsymbol{r},t)}=0$$

1.7 处于势场 $V(\boldsymbol{r})$ 中的粒子,在坐标表象中的能量本征方程表示成

$$\left[-\frac{\hbar^2}{2m}\nabla^2+V(\boldsymbol{r})\right]\psi(\boldsymbol{r})=E\psi(\boldsymbol{r})$$

试在动量表象中写出相应的能量本征方程.

解

利用 $\psi(\boldsymbol{r})$ 的 Fourier 变换

$$\psi(\boldsymbol{r})=\frac{1}{(2\pi\hbar)^{3/2}}\int\varphi(\boldsymbol{p})\mathrm{e}^{\mathrm{i}\boldsymbol{p}\cdot\boldsymbol{r}/\hbar}\mathrm{d}^3p$$

可知

$$\begin{aligned}\left[-\frac{\hbar^2}{2m}\nabla^2+V(\boldsymbol{r})\right]\psi(\boldsymbol{r})&=\left(-\frac{\hbar^2}{2m}\nabla^2+V(\boldsymbol{r})\right)\frac{1}{(2\pi\hbar)^{3/2}}\int\varphi(p)\mathrm{e}^{\mathrm{i}\boldsymbol{p}\cdot\boldsymbol{r}/\hbar}\mathrm{d}^3p\\&=\frac{1}{(2\pi\hbar)^{3/2}}\left[\int\left(\frac{\boldsymbol{p}^2}{2m}+V\left(\mathrm{i}\hbar\frac{\partial}{\partial\boldsymbol{p}}\right)\right)\varphi(\boldsymbol{p})\mathrm{e}^{\mathrm{i}\boldsymbol{p}\cdot\boldsymbol{r}/\hbar}\mathrm{d}^3p\right]\\&=\frac{1}{(2\pi\hbar)^{3/2}}\int E\varphi(\boldsymbol{p})\mathrm{e}^{\mathrm{i}\boldsymbol{p}\cdot\boldsymbol{r}/\hbar}\mathrm{d}^3p\end{aligned}$$

即

$$\frac{1}{(2\pi\hbar)^{3/2}}\int\left[\frac{\boldsymbol{p}^2}{2m}+V\left(\mathrm{i}\hbar\frac{\partial}{\partial\boldsymbol{p}}\right)-E\right]\varphi(\boldsymbol{p})\mathrm{e}^{\mathrm{i}\boldsymbol{p}\cdot\boldsymbol{r}/\hbar}\mathrm{d}^3p=0$$

所以在动量表象中相应的能量本征方程为

$$\left(\frac{\boldsymbol{p}^2}{2m}+V\left(\mathrm{i}\hbar\frac{\partial}{\partial\boldsymbol{p}}\right)\right)\varphi(\boldsymbol{p})=E\varphi(\boldsymbol{p})$$

第 2 章　一维势场中的粒子

2.1　设粒子限制在矩形匣子中运动，即

$$V(x,y,z)=\begin{cases}0, & 0<x<a,0<y<b,0<z<c\\ \infty, & \text{其余区域}\end{cases}$$

求粒子的能量本征值和本征波函数. 如 $a=b=c$，讨论能级的简并度.

解

在匣子内

$$-\frac{\hbar^2}{2m}\nabla^2\psi=E\psi$$

即 $(\nabla^2+k^2)\psi=0$，其中 $k=\sqrt{2mE}/\hbar$. 采用直角坐标系，方程的解可以分离变量. 再考虑到边条件 $\psi(x=0,y=0,z=0)=0$，能量本征函数可表示为

$$\psi(x,y,z)=A\sin k_x x\sin k_y y\sin k_z z$$

再考虑到 $\psi(x=a,y=b,z=c)=0$，可以求出

$$k_x=n_1\pi/a,\ k_y=n_2\pi/b,\ k_z=n_3\pi/c,\ n_1,n_2,n_3=1,2,3,\cdots$$

粒子的能量本征值为

$$E=E_{n_1n_2n_3}=\frac{\hbar^2\pi^2}{2m}\left(\frac{n_1^2}{a^2}+\frac{n_2^2}{b^2}+\frac{n_3^2}{c^2}\right)$$

而归一化的能量本征函数为

$$\psi_{n_1n_2n_3}(x,y,z)=\frac{2\sqrt{2}}{\sqrt{abc}}\sin\frac{n_1\pi}{a}x\cdot\sin\frac{n_2\pi}{b}y\cdot\sin\frac{n_3\pi}{c}z$$

对于方匣子 $a=b=c$，

$$E_{n_1n_2n_3}=\frac{\hbar^2\pi^2}{2ma^2}(n_1^2+n_2^2+n_3^2)$$

能级的简并度为满足 $n_1^2+n_2^2+n_3^2=\dfrac{2ma^2E}{\hbar^2\pi^2}$ 条件的正整数 (n_1,n_2,n_3) 解的个数.

(参阅:《量子力学》，卷Ⅱ，pp. 420～421，练习 2.)

2.2　设粒子处于一维无限深方势阱中，

$$V(x)=\begin{cases}0, & 0<x<a\\ \infty, & x<0,x>a\end{cases}$$

证明处于能量本征态 $\psi_n(x)$的粒子，

$$\bar{x} = a/2,\ \overline{(x-\bar{x})^2} = \frac{a^2}{12}\left(1-\frac{6}{n^2\pi^2}\right)$$

讨论 $n\to\infty$的情况,并与经典力学计算结果比较.

证明

设粒子处于第 n 个本征态,其本征函数为

$$\psi_n(x) = \sqrt{\frac{2}{a}}\sin\left(\frac{n\pi x}{a}\right)$$

$$\bar{x} = \int_0^a x\,|\psi_n|^2 dx = \frac{2}{a}\int_0^a x\sin^2\frac{n\pi x}{a}dx$$

$$= \frac{2}{a}\int_0^a \frac{1}{2}x\left(1-\cos\frac{2n\pi x}{a}\right)dx = \frac{a}{2}$$

$$\overline{(x-\bar{x})^2} = \overline{x^2} - \bar{x}^2 = \int_0^a x^2\,|\psi_n|^2 dx - \frac{a^2}{4}$$

$$= \frac{2}{a}\int_0^a x^2\frac{1}{2}\left(1-\cos\frac{2n\pi x}{a}\right)dx - \frac{a^2}{4} = \frac{a^2}{12}\left(1-\frac{6}{n^2\pi^2}\right)$$

在经典情况下,在区域$(0,a)$中粒子处于 dx 范围中的概率为$\frac{dx}{a}$,所以

$$\bar{x} = \int_0^a x\frac{dx}{a} = \frac{a}{2}$$

$$\overline{x^2} = \int_0^a x^2\frac{dx}{a} = \frac{a^2}{3}$$

$$\overline{(x-\bar{x})^2} = \frac{a^2}{3} - \frac{a^2}{4} = \frac{a^2}{12}$$

当 $n\to\infty$,量子力学的结果与经典力学计算值一致.

2.3 设粒子处于一维无限深方势阱中

$$V(x) = \begin{cases} 0, & |x| < a/2, \\ \infty, & |x| > a/2, \end{cases}$$

处于基态($n=1$,见 2.2 节式(12)),求粒子的动量分布.

解

基态波函数

$$\phi(x) = \sqrt{\frac{2}{a}}\cos\frac{\pi x}{a}$$

$$\varphi(p) = \frac{1}{\sqrt{2\pi\hbar}}\int_{-\frac{a}{2}}^{\frac{a}{2}}\sqrt{\frac{2}{a}}\cos\frac{\pi x}{a}e^{-i\frac{px}{\hbar}}dx$$

$$= \frac{1}{\sqrt{a\pi\hbar}}\int_{-\frac{a}{2}}^{\frac{a}{2}}\cos\frac{\pi x}{a}\cos\frac{px}{\hbar}\mathrm{d}x$$

$$= \frac{1}{\sqrt{a\pi\hbar}}\,\frac{1}{2}\int_{-\frac{a}{2}}^{\frac{a}{2}}\left[\cos\left(\frac{\pi}{a}+\frac{p}{\hbar}\right)x+\cos\left(\frac{\pi}{a}-\frac{p}{\hbar}\right)x\right]\mathrm{d}x$$

$$= \frac{1}{\sqrt{a\pi\hbar}}\,\frac{1}{2}\left(\frac{2\cos(pa/2\hbar)}{\pi/a+p/\hbar}+\frac{2\cos(pa/2\hbar)}{\pi/a-p/\hbar}\right)$$

$$= \frac{1}{\sqrt{a\pi\hbar}}\,\frac{2(\pi/a)\cos(pa/2\hbar)}{(\pi/a)^2-(p/\hbar)^2}$$

测量粒子的动量的概率分布为$|\varphi(p)|^2$.(参阅:《量子力学》,卷Ⅰ,pp.87~88,练习4和练习5.)

2.4 设粒子处于无限深方势阱

$$V(x)=\begin{cases}0, & 0<x<a,\\ \infty, & x<0,x>a\end{cases}$$

中,粒子波函数为$\psi(x)=Ax(a-x)$,A为归一化常数.(a) 求A;(b) 求测得粒子处于能量本征态$\psi_n(x)=\sqrt{\frac{2}{a}}\sin\frac{n\pi x}{a}$的概率$P_n$.特别是$P_1$;(c) 作图,比较$\psi(x)$与$\psi_1(x)$曲线.从$P_1\gg P_n(n\neq 1)$来说明两条曲线非常相似,即$\psi(x)$几乎与基态$\psi_1(x)$完全相同.

解

(a) 根据归一化条件

$$\int_{-\infty}^{+\infty}|\psi(x)|^2\mathrm{d}x=\int_0^a[Ax(a-x)]^2\mathrm{d}x=1$$

可得$A=\sqrt{\frac{30}{a^5}}$,所以

$$\psi(x)=\sqrt{\frac{30}{a^5}}x(a-x)$$

(b) $\psi(x)$用$\psi_n(x)$展开,$\psi(x)=\sum_n c_n\psi_n(x)$,

$$C_n=\int\psi_n^*(x)\psi(x)\mathrm{d}x=\int_0^a\sqrt{\frac{2}{a}}\sin\frac{n\pi x}{a}\sqrt{\frac{30}{a^5}}x(a-x)\mathrm{d}x=\frac{4\sqrt{15}}{n^3\pi^3}(1-\cos n\pi)$$

$$P_n=|C_n|^2=\frac{240}{n^6\pi^6}[1-(-1)^n]^2$$

只当$n=1,3,5,\cdots$时,P_n才不为0.特别是$P_1=\frac{960}{\pi^6}\approx 0.999$,非常接近于1.考虑到归一化条件,$\sum_{n=1}^{\infty}|c_n|^2=\sum_{n=1}^{\infty}P_n=1$,可知$P_n(n\neq 1)$概率几乎为0,即$\psi(x)$与

$\psi_1(x)$概率几乎完全相同.

(c)

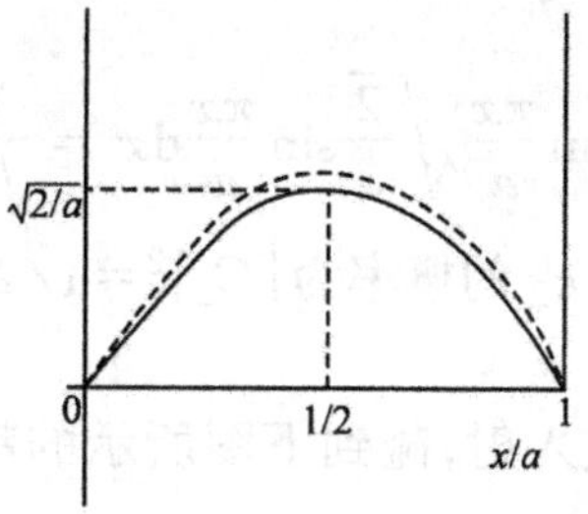

$$\psi_1(x) = \sqrt{2/a} \cdot \sin\left(\frac{\pi x}{a}\right) \quad (\text{实线})$$

$$\psi(x) = \sqrt{\frac{30}{a^5}}x(a-x) \quad (\text{虚线})$$

$$= \sqrt{\frac{30}{a}}\left(\frac{x}{a}\right)\left(1-\frac{x}{a}\right)$$

2.5 同上题.设粒子处于基态($n=1$),$E_1=\pi^2\hbar^2/2ma^2$.设 $t=0$ 时刻阱宽突然变为 $2a$,粒子波函数来不及改变,即

$$\psi(x,0) = \psi_1(x) = \sqrt{\frac{2}{a}}\sin\frac{\pi x}{a}$$

试问:对于加宽了的无限深方势阱

$$V(x) = \begin{cases} 0, & 0 < x < 2a \\ \infty, & x < 0, x > 2a \end{cases}$$

$\psi(x,0)$是否还是能量本征态?求测得粒子处于能量本征值 E_1 的概率.

解

对于加宽了的无限深方势阱,能量本征值和能量本征态分别为

$$\varepsilon_n = \frac{n^2\pi^2\hbar^2}{8ma^2}, \quad \varphi_n(x) = \begin{cases} \sqrt{\frac{1}{a}}\sin\frac{n\pi x}{2a}, & 0 < x < a \\ 0, & x < 0, x > 2a \end{cases}$$

可见 $\psi(x,0)$不再是它的能量本征态.由于势阱突然变宽,粒子波函数和能量来不及改变,粒子能量仍保持为 $E_1=\frac{\pi^2\hbar^2}{2ma^2}=\varepsilon_2$,而 $\psi(x,0)$可以按 $\varphi_n(x)$展开,

$$\psi(x,0) = \sum_n C_n\varphi_n(x)$$

$$C_n = \int_{-\infty}^{+\infty}\varphi_n^*(x)\psi(x,0)\mathrm{d}x = \int_0^a\varphi_n^*(x)\psi(x,0)\mathrm{d}x + \int_a^{2a}\varphi_n^*(x)\psi(x,0)\mathrm{d}x$$

$$= \int_0^a \varphi_n^*(x)\psi(x,0)\mathrm{d}x$$

经过计算可得

$$C_2 = \int_0^a \sqrt{\frac{1}{a}}\sin\frac{\pi x}{a}\sqrt{\frac{2}{a}}\sin\frac{\pi x}{a}\mathrm{d}x = \frac{1}{\sqrt{2}}$$

所以粒子处于 φ_2,即能量仍为 $E_1=\varepsilon_2$ 的概率为 $|C_2|^2=1/2$.

2.6 设粒子(能量 $E>0$)从左入射,碰到下图所示的势阱,求透射系数与反射系数.

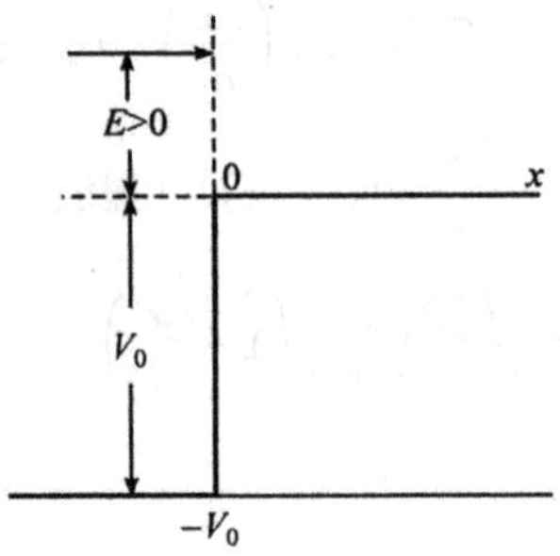

参见《量子力学》卷Ⅰ,108 页,有详细解答.

答案 透射系数为

$$T = \frac{4k/k'}{(1+k/k')^2}$$

反射系数为

$$R = \frac{(1-k/k')^2}{(1+k/k')^2}$$

其中

$$k=\sqrt{2mE}/\hbar,\ k'=\sqrt{2m(E+V_0)}/\hbar$$

不难验证概率守恒关系式

$$R+T=1.$$

2.7 利用 Hermite 多项式的递推关系(附录 A3,式(13)),证明谐振子波函数满足下列关系:

$$x\psi_n(x) = \frac{1}{\alpha}\left[\sqrt{\frac{n}{2}}\psi_{n-1}(x)+\sqrt{\frac{n+1}{2}}\psi_{n+1}(x)\right],\qquad \alpha=\sqrt{m\omega/\hbar}$$

$$x^2\psi_n(x) = \frac{1}{2\alpha^2}[\sqrt{n(n-1)}\psi_{n-2}(x)+(2n+1)\psi_n(x) + \sqrt{(n+1)(n+2)}\psi_{n+2}(x)]$$

并由此证明，在 ψ_n 态下，$\bar{x}=0,\overline{V}=E_n/2$.

证明

已知

$$\mathrm{H}_{n+1}(x)-2x\mathrm{H}_n(x)+2n\mathrm{H}_{n-1}(x)=0$$

$$\psi_n(x)=\left(\frac{\alpha}{\sqrt{\pi}2^n n!}\right)^{\frac{1}{2}}\mathrm{e}^{-\alpha^2x^2/2}\mathrm{H}_n(\alpha x)$$

$$\psi_{n+1}(x)=\left(\frac{\alpha}{\sqrt{\pi}2^{n+1}(n+1)!}\right)^{\frac{1}{2}}\mathrm{e}^{-\alpha^2x^2/2}\mathrm{H}_{n+1}(\alpha x)$$

$$\psi_{n-1}(x)=\left(\frac{\alpha}{\sqrt{\pi}2^{n-1}(n-1)!}\right)^{\frac{1}{2}}\mathrm{e}^{-\alpha^2x^2/2}\mathrm{H}_{n-1}(\alpha x)$$

所以

$$\begin{aligned}
x\psi_n(x)&=\frac{1}{\alpha}\cdot M\cdot\left(\frac{1}{2^n n!}\right)^{\frac{1}{2}}\alpha x\mathrm{H}_n(\alpha x),\quad (M=\sqrt{\alpha}\pi^{-1/4}\mathrm{e}^{-\alpha^2x^2/2})\\
&=\frac{1}{\alpha}\cdot M\cdot\left(\frac{1}{2^n n!}\right)^{\frac{1}{2}}\left(\frac{1}{2}\mathrm{H}_{n+1}(\alpha x)+n\mathrm{H}_{n-1}(\alpha x)\right)\\
&=\frac{1}{\alpha}M\left(\frac{1}{2^{n-1}(n-1)!}\right)^{\frac{1}{2}}\sqrt{\frac{n}{2}}\mathrm{H}_{n-1}(\alpha x)+\\
&\quad\frac{1}{\alpha}M\left(\frac{1}{2^{n+1}(n+1)!}\right)^{\frac{1}{2}}\sqrt{\frac{n+1}{2}}\mathrm{H}_{n+1}(\alpha x)\\
&=\frac{1}{\alpha}\left[\sqrt{\frac{n}{2}}\psi_{n-1}(x)+\sqrt{\frac{n+1}{2}}\psi_{n+1}(x)\right]
\end{aligned}$$

利用本征函数的正交性，可得 $\bar{x}=0$.

$$\begin{aligned}
x^2\psi_n(x)&=\frac{1}{\alpha}\left[\sqrt{\frac{n}{2}}x\psi_{n-1}(x)+\sqrt{\frac{n+1}{2}}x\psi_{n+1}(x)\right]\\
&=\frac{1}{\alpha}\left\{\sqrt{\frac{n}{2}}\cdot\frac{1}{\alpha}\left[\sqrt{\frac{n-1}{2}}\psi_{n-2}(x)+\sqrt{\frac{n}{2}}\psi_n(x)\right]\right.\\
&\quad\left.+\sqrt{\frac{n+1}{2}}\cdot\frac{1}{\alpha}\left[\sqrt{\frac{n+1}{2}}\psi_n+\sqrt{\frac{n+2}{2}}\psi_{n+2}\right]\right\}\\
&=\frac{1}{2\alpha^2}\left[\sqrt{n(n-1)}\psi_{n-2}+(2n+1)\psi_n+\sqrt{(n+1)(n+2)}\psi_{n+2}\right]
\end{aligned}$$

同样，利用本征函数的正交归一性，可得

$$\overline{V}=\frac{1}{2}m\omega^2\int\psi_n^*x^2\psi_n\mathrm{d}x=\frac{1}{2}m\omega^2\frac{2n+1}{2\alpha^2}=\frac{1}{2}(n+\frac{1}{2})\hbar\omega=\frac{E_n}{2}$$

2.8 同上题，利用 Hermite 多项式的求导公式(附录 A3，式(14))，证明

$$\frac{\mathrm{d}}{\mathrm{d}x}\psi_n(x) = \alpha\left[\sqrt{\frac{n}{2}}\psi_{n-1} - \sqrt{\frac{n+1}{2}}\psi_{n+1}\right]$$

$$\frac{\mathrm{d}^2}{\mathrm{d}x^2}\psi_n(x) = \frac{\alpha^2}{2}\left[\sqrt{n(n-1)}\psi_{n-2} - (2n+1)\psi_n + \sqrt{(n+1)(n+2)}\psi_{n+2}\right]$$

并由此证明，在 ψ_n 态下，$\bar{p}=0$，$\bar{T}=\overline{p^2}/2m=E_n/2$.

证明

利用

$$\mathrm{H}'_n(x) = 2n\mathrm{H}_{n-1}(x)$$

$$\psi_n(x) = \left(\frac{\alpha}{\sqrt{\pi}2^n n!}\right)^{\frac{1}{2}} \mathrm{e}^{-\alpha^2x^2/2}\mathrm{H}_n(\alpha x)$$

$$\psi_{n-1}(x) = \left(\frac{\alpha}{\sqrt{\pi}2^{n-1}(n-1)!}\right)^{\frac{1}{2}} \mathrm{e}^{-\alpha^2x^2/2}\mathrm{H}_{n-1}(\alpha x)$$

$$\psi_{n+1}(x) = \left(\frac{\alpha}{\sqrt{\pi}2^{n+1}(n+1)!}\right)^{\frac{1}{2}} \mathrm{e}^{-\alpha^2x^2/2}\mathrm{H}_{n+1}(\alpha x)$$

所以

$$\begin{aligned}\frac{\mathrm{d}}{\mathrm{d}x}\psi_n &= \left(\frac{\alpha}{\sqrt{\pi}2^n n!}\right)^{\frac{1}{2}} 2n\alpha\mathrm{H}_{n-1}\mathrm{e}^{-\alpha^2x^2/2} - \alpha^2 x\psi_n \quad (\text{利用 2.7 题})\\ &= 2\alpha\sqrt{\frac{n}{2}}\psi_{n-1} - \alpha^2\frac{1}{\alpha}\left[\sqrt{\frac{n}{2}}\psi_{n-1} + \sqrt{\frac{n+1}{2}}\psi_{n+1}\right]\\ &= \alpha\left[\sqrt{\frac{n}{2}}\psi_{n-1} - \sqrt{\frac{n+1}{2}}\psi_{n+1}\right]\end{aligned}$$

利用本征函数的正交性归一性，可知

$$\bar{p} = -\mathrm{i}\hbar\left(\psi_n(x), \frac{\mathrm{d}}{\mathrm{d}x}\psi_n(x)\right) = 0$$

$$\frac{\mathrm{d}^2}{\mathrm{d}x^2}\psi_n = \alpha\left[\sqrt{\frac{n}{2}}\frac{\mathrm{d}\psi_{n-1}}{\mathrm{d}x} - \sqrt{\frac{n+1}{2}}\frac{\mathrm{d}\psi_{n+1}}{\mathrm{d}x}\right]$$

$$= \alpha\left\{\sqrt{\frac{n}{2}}\alpha\left[\sqrt{\frac{n-1}{2}}\psi_{n-2} - \sqrt{\frac{n}{2}}\psi_n\right] - \sqrt{\frac{n+1}{2}}\alpha\left[\sqrt{\frac{n+1}{2}}\psi_n - \sqrt{\frac{n+2}{2}}\psi_{n+2}\right]\right\}$$

$$= \frac{\alpha^2}{2}\left[\sqrt{n(n-1)}\psi_{n-2} - (2n+1)\psi_n + \sqrt{(n+1)(n+2)}\psi_{n+2}\right]$$

类似，利用本征函数的正交归一性，可得

$$\overline{p^2} = \int_{-\infty}^{+\infty} \psi_n^* \left(-\hbar^2 \frac{\partial^2}{\partial x^2} \right) \psi_n \mathrm{d}x = \frac{\hbar^2 \alpha^2}{2}(2n+1)$$

所以

$$\overline{T} = \overline{p^2}/2m = \frac{1}{2}\left(n + \frac{1}{2}\right)\hbar\omega = E_n/2$$

2.9 谐振子处于 ψ_n 态下，计算

$$\Delta x = \left[\overline{(x-\overline{x})^2}\right]^{1/2},\ \Delta p = \left[\overline{(p-\overline{p})^2}\right]^{1/2},\Delta x \Delta p$$

解

按 2.7 题，在 ψ_n 态下，$\overline{x}=0, \overline{x^2} = \frac{1}{2\alpha^2}(2n+1)$，所以

$$\Delta x = \left[\overline{(x-\overline{x})^2}\right]^{1/2} = \sqrt{(\overline{x^2} - \overline{x}^2)} = \frac{1}{\alpha}\sqrt{\frac{2n+1}{2}}$$

按 2.8 题，在 ψ_n 态下，$\overline{p}=0, \overline{p^2} = \frac{\alpha^2\hbar^2}{2}(2n+1)$，所以

$$\Delta p = \left[\overline{(p-\overline{p})^2}\right]^{1/2} = \sqrt{\overline{p^2} - \overline{p}^2} = \alpha\hbar\sqrt{\frac{2n+1}{2}}$$

因而

$$\Delta x \Delta p = (n + 1/2)\hbar$$

2.10 荷电 q 的谐振子，受到外电场 $\mathscr{E}$ 的作用，

$$V(x) = \frac{1}{2}m\omega^2 x^2 - q\mathscr{E}x$$

求能量本征值和本征函数.（提示：对 $V(x)$ 进行配方，$V(x) = \frac{1}{2}m\omega^2(x-x_0)^2 - \frac{1}{2}m\omega^2 x_0^2, x_0 = \frac{q\mathscr{E}}{m\omega^2}$，相当于谐振子势的平衡点不在 $x=0$，而在 $x=x_0$ 点.）

解答参见《量子力学习题精选与剖析》[上]，74 页，3.7 题.

答案 能量本征值，$E_n = \left(n+\frac{1}{2}\right)\hbar\omega - \frac{q^2\mathscr{E}^2}{2m\omega^2}, n=0,1,2,\cdots$

能量本征函数，$\varphi_n(x) = \psi_n(x - x_0)$，这里 $\psi_n(x)$ 是谐振子势 $V(x) = \frac{1}{2}m\omega^2 x^2$ 中粒子的能量本征函数（见《量子力学教程》，49 页，(14)式）.

2.11 设粒子在下列势阱中运动，求粒子的能级，

$$V(x) = \begin{cases} \infty, & x < 0 \\ \frac{1}{2}m\omega^2 x^2, & x > 0 \end{cases}$$

解

Schrödinger 方程为

$$-\frac{\hbar^2}{2m}\frac{\mathrm{d}^2}{\mathrm{d}x^2}\psi(x)+\frac{1}{2}m\omega^2x^2\psi(x)=E\psi(x),\quad x>0 \tag{1}$$

此即 Hermite 多项式所满足的微分方程,但要求 $\psi(x)$满足

$$\psi(x)=0,\qquad x<0 \tag{2}$$

要保证 $\xi\to+\infty,\psi(\xi)\to0$. 则必须 $\lambda=2n+1$,(见《量子力学教程》,49 页,(11)式). 方程(1)的解为 $\psi_n(x)=A_n\mathrm{e}^{-\frac{1}{2}\alpha^2x^2/2}\mathrm{H}_n(\alpha x)$,($A_n$ 为归一化常数),相应能量本征值为 $E_n=(n+1/2)\hbar\omega$. 但根据 $x=0$ 点的边界条件 $\psi_n(0)=0$, n 只能取奇数($n=2m+1, m=0,1,2,\cdots$). 因此能量本征值只能取

$$E_n=(2m+3/2)\hbar\omega,\quad m=0,1,2,\cdots$$

即只包含《量子力学教程》2.4 节中给出的谐振子解中的奇宇称解. 对于奇宇称解 $\psi(-x)=-\psi(x)$,自动保证 $\psi(0)=0$.

2.12 一维无限深方势阱中的粒子,设初始时刻($t=0$)处于

$$\psi(x,0)=[\psi_1(x)+\psi_2(x)]/\sqrt{2}$$

$\psi_1(x)$与 $\psi_2(x)$分别为基态和第一激发态. 求

(a) $\psi(x,t),\rho(x,t)=\psi^*(x,t)\psi(x,t)$; (b) 能量平均值 $\overline{H}$; (c) 能量平方平均值$\overline{H^2}$; (d) 能量的涨落 $\Delta E=[\overline{(H-\overline{H})^2}]^{1/2}$; (e) 体系的特征时间 Δt,计算 $\Delta E\cdot\Delta t$.

解

(a) 按《量子力学教程》21 页上的讨论(见 21 页,(34)式和(37)式),可知

$$\psi(x,t)=\frac{1}{\sqrt{2}}\left(\psi_1(x)\mathrm{e}^{-\frac{\mathrm{i}}{\hbar}E_1t}+\psi_2(x)\mathrm{e}^{-\frac{\mathrm{i}}{\hbar}E_2t}\right)$$

所以

$$\begin{aligned}\rho(x,t)&=\psi^*(x,t)\psi(x,t)\\&=\frac{1}{2}(\psi_1\mathrm{e}^{\frac{\mathrm{i}}{\hbar}E_1t}+\psi_2\mathrm{e}^{\frac{\mathrm{i}}{\hbar}E_2t})(\psi_1\mathrm{e}^{-\frac{\mathrm{i}}{\hbar}E_1t}+\psi_2\mathrm{e}^{-\frac{\mathrm{i}}{\hbar}E_2t})\\&=\frac{1}{2}\left\{|\psi_1|^2+|\psi_2|^2+2\psi_1\psi_2\cos\frac{1}{\hbar}(E_1-E_2)t\right\}\end{aligned}$$

(b) $$\overline{H}=|C_1|^2E_1+|C_2|^2E_2=\frac{1}{2}(E_1+E_2)$$

(c) $$\overline{H^2}=|C_1|^2E_1^2+|C_1|^2E_2^2=\frac{1}{2}(E_1^2+E_2^2)$$

(d) $$\Delta E=[\overline{(H-\overline{H})^2}]^{\frac{1}{2}}=[\overline{H^2}-\overline{H}^2]^{\frac{1}{2}}=\frac{1}{2}(E_1-E_2)$$

(e) 由 $\rho(x,t)$,可以求出周期 τ

$$\frac{1}{\hbar}(E_1 - E_2)\tau = 2\pi,\ \tau = \frac{2\pi\hbar}{E_1 - E_2}$$

特征时间

$$\Delta t = \tau = \frac{2\pi\hbar}{E_1 - E_2}$$

所以

$$\Delta E \cdot \Delta t = \pi\hbar$$

*2.13　设粒子处于半壁无限高的势场中

$$V(x) = \begin{cases} \infty, & x < 0, \\ -V_0, & 0 < x < a, \\ 0, & x > a. \end{cases}$$

求粒子能量本征值,以及至少存在一条束缚能级的条件.

解答　参见《量子力学》,卷Ⅰ,94~97页,例1,有详细解答.

*2.14　求不对称势阱(见下图)中粒子的能量本征值.

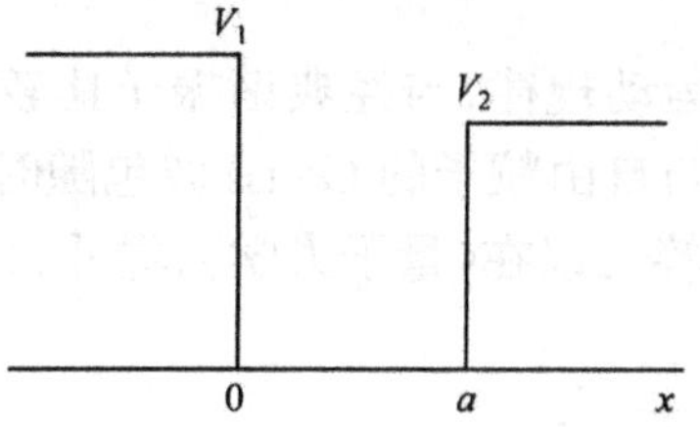

解

(以下限于)讨论离散能级,即 $E < V_2$ 情况,这时,Schrödinger 方程为

$$\frac{d^2}{dx^2}\psi = \frac{2m(V(x) - E)}{\hbar^2}\psi$$

考虑到束缚态 $\psi(x)$的边条件　$x \to \pm\infty, \psi(x) \to 0, \psi(x)$可表示为

$$\psi = \begin{cases} A_1 e^{k_1 x}, & x < 0, & k_1 = \dfrac{\sqrt{2m(V_1 - E)}}{\hbar} \\ A\sin(kx + \delta), & 0 < x < a, & k = \sqrt{2mE}/\hbar \\ A_2 e^{-k_2 x}, & x > a, & k_2 = \dfrac{\sqrt{2m(V_2 - E)}}{\hbar} \end{cases}$$

由$\dfrac{d\ln\psi}{dx}$在 $x = 0$ 和 a 处的连续条件,得出

$$k_1 = k\cot\delta,\quad k_2 = -k\cot(ka + \delta) \tag{1}$$

(1)式等价于

$$\sin\delta = \hbar k/\sqrt{2mV_1},\ \sin(ka+\delta) = -\hbar k/\sqrt{2mV_2} \tag{2}$$

从(2)式中的两式消去 δ 得

$$ka = n\pi - \arcsin\theta\left(\frac{\hbar k}{\sqrt{2mV_1}}\right) - \arcsin\theta\left(\frac{\hbar k}{\sqrt{2mV_2}}\right),n = 1,2,3,\cdots \tag{3}$$

当 $V_2 \neq V_1$ 时,并不是任何条件下都有束缚态.由(3)式可知,仅当

$$a\sqrt{2mV_2}/\hbar \geqslant \pi/2 - \arcsin\sqrt{V_2/V_1} \tag{4}$$

时才有束缚态解.如能从(3)式求出 k 的可能取值 k_n,则相应的能量本征值为

$$E_n = \hbar^2 k_n^2/2m$$

此题的详细讨论和解答,可以参阅 Landau & Lifshitz, *Quantum Mechanics*, *Non-relativistic Theory*, §22, pp65~66

***2.15** 设谐振子初态为与基态相同的 Gauss 波包,但波包中心不在 $x=0$ 点,而是在 $x=x_0$ 点,

$$\psi(x,0) = \psi_0(x-x_0) = \frac{\sqrt{\alpha}}{\pi^{1/4}}e^{-\alpha^2(x-x_0)^2/2},\alpha = \sqrt{m\omega/\hbar}$$

(1) 计算 $\psi(x,t)$;

(2) 讨论波包中心的运动规律,与经典谐振子比较,考虑波包形状(波包宽度 Δx)是否随时间改变? 试与自由粒子的 Gauss 波包随时间的演化比较.

此题的详细讨论和解答可以在《量子力学》,卷Ⅱ,128~131 页中找到.

答案

$$\psi(x,t) = \frac{\sqrt{\alpha}}{\pi^{1/4}}e\left[-\frac{1}{2}(\xi-\xi_0\cos\omega t)^2 - i\left(\frac{1}{2}\omega t + \xi_0\xi\sin\omega t - \frac{1}{4}\xi_0^2\sin 2\omega t\right)\right]$$

式中

$$\xi = \alpha x,\xi_0 = \alpha x_0$$

$$|\psi(x,t)|^2 = \frac{\alpha}{\sqrt{\pi}}e^{-\alpha^2(x-x_0\cos\omega t)^2}$$

这是一随时间振荡的波包,在振荡过程中波包不扩散,波形不变,只是波包中心随时间作周期性振荡.

***2.16** 对于一维粒子,证明:使坐标与动量不确定度之积取最小值 $\Delta x \cdot \Delta p = \hbar/2$ 的波包必为 Gauss 型波包 $\psi(x) \propto e^{-\lambda x^2}$.

详细证明见,L. I. Schiff, *Quantum Mechanics*,(第 3 版)61~62 页.

第 3 章　力学量用算符表达

3.1　设 A 与 B 为厄米算符,则 $\frac{1}{2}(AB+BA)$ 和 $\frac{1}{2\mathrm{i}}(AB-BA)$ 也是厄米算符.由此证明:任何一个算符 F 均可分解为 $F=F_{+}+\mathrm{i}F_{-}$,

$$F_{+}=\frac{1}{2}(F+F^{+}),\quad F_{-}=\frac{1}{2\mathrm{i}}(F-F^{+}),$$

F_{+} 与 F_{-} 均为厄米算符.

证明

因为 $A^{+}=A, B^{+}=B$,所以

$$\frac{1}{2}(AB+BA)^{+}=\frac{1}{2}(B^{+}A^{+}+A^{+}B^{+})=\frac{1}{2}(BA+AB)=\frac{1}{2}(AB+BA)$$

$$\left[\frac{1}{2\mathrm{i}}(AB-BA)\right]^{+}=-\frac{1}{2\mathrm{i}}(B^{+}A^{+}-A^{+}B^{+})=-\frac{1}{2\mathrm{i}}(BA-AB)=\frac{1}{2\mathrm{i}}(AB-BA)$$

即 $\frac{1}{2}(AB+BA)$ 和 $\frac{1}{2\mathrm{i}}(AB-BA)$ 均为厄米算符.

$$F=\frac{F}{2}+\frac{F}{2}=\frac{1}{2}(F+F^{+})+\frac{1}{2}(F-F^{+})=F_{+}+\mathrm{i}F_{-}$$

而 F_{+} 与 F_{-} 显然均为厄米算符.

3.2　已知粒子的坐标 $\boldsymbol{r}$ 和动量 $\boldsymbol{p}$ 为厄米算符,判断下列算符是否为厄米算符:$\boldsymbol{l}=\boldsymbol{r}\times\boldsymbol{p}, \boldsymbol{r}\cdot\boldsymbol{p}, \boldsymbol{p}\times\boldsymbol{l}, \boldsymbol{r}\times\boldsymbol{l}$.如果不是,试构造相应的厄米算符.

解

对于 $\boldsymbol{l}=\boldsymbol{r}\times\boldsymbol{p}$,有

$$l_x=yp_z-zp_y$$

$$l_x^{+}=(yp_z-zp_y)^{+}=(p_z^{+}y^{+}-p_y^{+}z^{+})=(p_zy-p_yz)=yp_z-zp_y=l_x$$

同理

$$l_y^{+}=l_y,\quad l_z^{+}=l_z$$

所以 $\boldsymbol{l}=\boldsymbol{r}\times\boldsymbol{p}=\boldsymbol{l}^{+}$ 是厄米算符.

对于 $\boldsymbol{r}\cdot\boldsymbol{p}$,有

$$(\boldsymbol{r}\cdot\boldsymbol{p})^{+}=(xp_x+yp_y+zp_z)^{+}=p_x^{+}x^{+}+p_y^{+}y^{+}+p_z^{+}z^{+}$$

$$= p_x x + p_y y + p_z z \neq x p_x + y p_y + z p_z$$

所以 $\boldsymbol{r}\cdot\boldsymbol{p}$ 不是厄米算符. 而

$$(\boldsymbol{r}\cdot\boldsymbol{p})^+ = \boldsymbol{p}\cdot\boldsymbol{r} = p_x x + p_y y + p_z z = (x p_x - \mathrm{i}\hbar) + (y p_y - \mathrm{i}\hbar) + (z p_z - \mathrm{i}\hbar)$$
$$= \boldsymbol{r}\cdot\boldsymbol{p} - 3\mathrm{i}\hbar$$

相应的厄米算符为$\frac{1}{2}[\boldsymbol{r}\cdot\boldsymbol{p} + \boldsymbol{p}\cdot\boldsymbol{r}] = \boldsymbol{r}\cdot\boldsymbol{p} - 3\mathrm{i}\hbar/2$.

类似有$(\boldsymbol{p}\times\boldsymbol{l})^+ = -(\boldsymbol{l}\times\boldsymbol{p})$,本身非厄米算符,但可以构造相应的厄米算符如下:

$$\frac{1}{2}[(\boldsymbol{p}\times\boldsymbol{l}) - (\boldsymbol{l}\times\boldsymbol{p})] = \boldsymbol{p}\times\boldsymbol{l} - \mathrm{i}\hbar\boldsymbol{p} \quad \text{(参见 3.8 题)}$$

$(\boldsymbol{r}\times\boldsymbol{l})^+ = -(\boldsymbol{l}\times\boldsymbol{r})$,本身也非厄米算符,但可以构造相应的厄米算符如下:

$$\frac{1}{2}[(\boldsymbol{r}\times\boldsymbol{l}) - (\boldsymbol{l}\times\boldsymbol{r})] = \boldsymbol{r}\times\boldsymbol{l} - \mathrm{i}\hbar\boldsymbol{r}$$

3.3 设 $F(x,p)$是 x 和 p 的整函数,证明

$$[p,F] = -\mathrm{i}\hbar\frac{\partial}{\partial x}F, \quad [x,F] = \mathrm{i}\hbar\frac{\partial}{\partial p}F$$

整函数是指 $F(x,p)$可以展开成

$$F(x,p) = \sum_{m,n=0}^{\infty} C_{mn} x^m p^n$$

证明

利用 $$[p,x^m] = -m\mathrm{i}\hbar x^{m-1}, \quad [x,p^n] = n\mathrm{i}\hbar p^{n-1}$$

$$[p,F] = \sum_{m,n=0}^{\infty} C_{mn}[p,x^m]p^n = \sum_{m,n=0}^{\infty} C_{mn}(-\mathrm{i}\hbar) m x^{m-1} p^n$$
$$= -\mathrm{i}\hbar\frac{\partial}{\partial x}\sum_{m,n=0}^{\infty} C_{mn} x^m p^n = -\mathrm{i}\hbar\frac{\partial}{\partial x}F$$

类似可证明 $$[x,F] = \mathrm{i}\hbar\frac{\partial}{\partial p}F.$$

3.4 定义反对易式$[A,B]_+ \equiv AB + BA$. 证明

$$[AB,C] = A[B,C]_+ - [A,C]_+ B, \quad [A,BC] = [A,B]_+ C - B[A,C]_+$$

证明

$$[AB,C] \equiv ABC - CAB$$
$$A[B,C]_+ - [A,C]_+ B = ABC + ACB - ACB - CAB = ABC - CAB$$

所以

$$[AB,C] = A[B,C]_+ - [A,C]_+ B$$

类似

$$[A,BC] \equiv ABC - BCA$$

$$[A,B]_+C-B[A,C]_+=ABC+BAC-BAC-BCA=ABC-BCA$$

所以
$$[A,BC]=[A,B]_+C-B[A,C]_+$$

3.5 设 $\boldsymbol{A}$、$\boldsymbol{B}$、$\boldsymbol{C}$ 为矢量算符. $\boldsymbol{A}$ 和 $\boldsymbol{B}$ 的标积和矢积定义为

$$\boldsymbol{A}\cdot\boldsymbol{B}=\sum_{\alpha}A_\alpha B_\alpha,\quad (\boldsymbol{A}\times\boldsymbol{B})_\gamma=\sum_{\alpha\beta}\varepsilon_{\alpha\beta\gamma}A_\alpha B_\beta$$

α、β、γ 分别取为 x、y、z，$\varepsilon_{\alpha\beta\gamma}$ 为 Levi-Civita 符号. 试验证

$$\boldsymbol{A}\cdot(\boldsymbol{B}\times\boldsymbol{C})=(\boldsymbol{A}\times\boldsymbol{B})\cdot\boldsymbol{C}=\sum_{\alpha\beta\gamma}\varepsilon_{\alpha\beta\gamma}A_\alpha B_\beta C_\gamma$$

$$[\boldsymbol{A}\times(\boldsymbol{B}\times\boldsymbol{C})]_\alpha=\boldsymbol{A}\cdot(B_\alpha\boldsymbol{C})-(\boldsymbol{A}\cdot\boldsymbol{B})C_\alpha$$

$$[(\boldsymbol{A}\times\boldsymbol{B})\times\boldsymbol{C}]_\alpha=\boldsymbol{A}\cdot(B_\alpha\boldsymbol{C})-A_\alpha(\boldsymbol{B}\cdot\boldsymbol{C})$$

证明见《量子力学习题精选与剖析》[上],4.1 题.

3.6 设 $\boldsymbol{A}$ 与 $\boldsymbol{B}$ 为矢量算符，F 为标量算符. 证明

$$[F,\boldsymbol{A}\cdot\boldsymbol{B}]=[F,\boldsymbol{A}]\cdot\boldsymbol{B}+\boldsymbol{A}\cdot[F,\boldsymbol{B}]$$

$$[F,\boldsymbol{A}\times\boldsymbol{B}]=[F,\boldsymbol{A}]\times\boldsymbol{B}+\boldsymbol{A}\times[F,\boldsymbol{B}]$$

证明见《量子力学习题精选与剖析》[上],4.2 题.

3.7 设 F 是由 $\boldsymbol{r}$ 与 $\boldsymbol{p}$ 的整函数算符. 证明

$$[\boldsymbol{l},F]=\mathrm{i}\hbar\frac{\partial F}{\partial\boldsymbol{p}}\times\boldsymbol{p}-\mathrm{i}\hbar\boldsymbol{r}\times\frac{\partial F}{\partial\boldsymbol{r}}$$

证明见《量子力学习题精选与剖析》[上],4.3 题.

3.8 证明
$$\boldsymbol{p}\times\boldsymbol{l}+\boldsymbol{l}\times\boldsymbol{p}=2\mathrm{i}\hbar\boldsymbol{p}$$

$$\mathrm{i}\hbar(\boldsymbol{p}\times\boldsymbol{l}-\boldsymbol{l}\times\boldsymbol{p})=[\boldsymbol{l}^2,\boldsymbol{p}]$$

证明见《量子力学习题精选与剖析》[上],4.6 题.

3.9 计算 $[[\nabla^2, x^l y^m z^n], r^2]$.

解

利用代数恒等式 $[[A,B],C]=[A,[B,C]]+[B,[C,A]]$，可得

$$\begin{aligned}
&[[\nabla^2, x^l y^m z^n], r^2]\\
&=[\nabla^2,[x^l y^m z^n, r^2]]+[x^l y^m z^n,[r^2,\nabla^2]]=[x^l y^m z^n,[r^2,\nabla^2]]\\
&=[x^l y^m z^n, r^2\nabla^2-\nabla^2 r^2]\\
&=(r^2\nabla^2-\nabla^2 r^2)(x^l y^m z^n)-x^l y^m z^n(r^2\nabla^2-\nabla^2 r^2)\\
&=r^2\left[x^l y^m z^n\left(\frac{\partial^2}{\partial x^2}+\frac{\partial^2}{\partial y^2}+\frac{\partial^2}{\partial z^2}\right)+2x^{l-1}y^{m-1}z^{n-1}\left(lyz\frac{\partial}{\partial x}+mxz\frac{\partial}{\partial y}+nxy\frac{\partial}{\partial z}\right)\right]\\
&\quad+r^2[x^{l-2}y^{m-2}z^{n-2}(l(l-1)y^2z^2+m(m-1)x^2z^2+n(n-1)x^2y^2)]
\end{aligned}$$

$$
\begin{aligned}
& - r^2 x^l y^m z^n \left(\frac{\partial^2}{\partial x^2} + \frac{\partial^2}{\partial y^2} + \frac{\partial^2}{\partial z^2} \right) - 2 x^l y^m z^n (2l + 2m + 2n + 3) \\
& - x^l y^m z^n r^2 \left(\frac{l(l-1)}{x^2} + \frac{m(m-1)}{y^2} + \frac{n(n-1)}{z^2} \right) - 4 x^l y^m z^n \left(x \frac{\partial}{\partial x} + y \frac{\partial}{\partial y} + z \frac{\partial}{\partial z} \right) \\
& - 2 r^2 x^l y^m z^n \left(\frac{l}{x} \frac{\partial}{\partial x} + \frac{m}{y} \frac{\partial}{\partial y} + \frac{n}{z} \frac{\partial}{\partial z} \right) - x^l y^m z^n r^2 \nabla^2 \\
& + x^l y^m z^n \left(6 + 4 \left(x \frac{\partial}{\partial x} + y \frac{\partial}{\partial y} + z \frac{\partial}{\partial z} \right) + r^2 \nabla^2 \right) \\
= & \, 4(l + m + n) x^l y^m z^n
\end{aligned}
$$

3.10 定义径向动量算符

$$p_r = \frac{1}{2}\left(\frac{1}{r}\boldsymbol{r}\cdot\boldsymbol{p} + \boldsymbol{p}\cdot\boldsymbol{r}\frac{1}{r}\right)$$

证明

(a) $p_r^+ = p_r$;

(b) $p_r = -\mathrm{i}\hbar\left(\frac{\partial}{\partial r} + \frac{1}{r}\right)$;

(c) $[r, p_r] = \mathrm{i}\hbar$;

(d) $p_r^2 = -\hbar^2\left(\frac{\partial^2}{\partial r^2} + \frac{2}{r}\frac{\partial}{\partial r}\right) = -\hbar^2 \frac{1}{r^2}\frac{\partial}{\partial r} r^2 \frac{\partial}{\partial r}$;

(e) $p^2 = \frac{1}{r^2}\boldsymbol{l}^2 + p_r^2$.

证明见《量子力学习题精选与剖析》[上],4.5 题.

3.11 利用不确定度关系估算谐振子的基态能量.

解

由于一维谐振子势具有对坐标原点的反射对称性,我们有

$$\bar{x} = 0, \quad \bar{p} = 0$$

因而

$$\overline{\Delta x^2} = \overline{x^2} - \bar{x}^2 = \overline{x^2}, \quad \overline{\Delta p^2} = \overline{p^2} - \bar{p}^2 = \overline{p^2} \tag{1}$$

所以在能量本征态下

$$E = \frac{\overline{p^2}}{2m} + \frac{1}{2}m\omega^2\overline{x^2} = \frac{\overline{\Delta p^2}}{2m} + \frac{1}{2}m\omega^2\overline{\Delta x^2} \tag{2}$$

按不确定度关系

$$\overline{(\Delta x)^2}\cdot\overline{(\Delta p)^2} \geqslant \frac{\hbar^2}{4}$$

所以

$$E \geqslant \frac{\hbar^2}{8m\,\overline{(\Delta x)^2}} + \frac{1}{2}m\omega^2\,\overline{(\Delta x)^2} \tag{3}$$

它取极小值的条件为

$$\frac{\partial E}{\partial \overline{(\Delta x)^2}} = 0$$

由此得出

$$\overline{(\Delta x)^2} = \frac{\hbar}{2m\omega} \tag{4}$$

用此值代入(3)式,可知

$$E \geqslant \frac{1}{2}\hbar\omega$$

所以谐振子基态能量

$$E \geqslant \frac{1}{2}\hbar\omega$$

3.12 证明在离散的能量本征态下动量平均值为零.

证明 体系的 Hamilton 量为

$$H = \frac{\boldsymbol{p}^2}{2m} + V(\boldsymbol{r})$$

$$[\boldsymbol{r}, H] = \left[\boldsymbol{r}, \frac{\boldsymbol{p}^2}{2m}\right] = \mathrm{i}\hbar\frac{\boldsymbol{p}}{m}$$

即

$$\boldsymbol{p} = -\mathrm{i}\frac{m}{\hbar}[\boldsymbol{r}, H]$$

对于束缚态,能量本征值是离散的,本征波函数 ψ 满足 $H\psi = E\psi$,并且可以归一化,$(\psi, \psi) = 1$. 所以

$$\begin{aligned}
\overline{\boldsymbol{p}} &= (\psi, \boldsymbol{p}\psi)/(\psi, \psi) = (\psi, \boldsymbol{p}\psi) \\
&= -\frac{\mathrm{i}m}{\hbar}(\psi, [\boldsymbol{r}, H]\psi) = -\frac{\mathrm{i}m}{\hbar}[(\psi, \boldsymbol{r}H\psi) - (\psi, H\boldsymbol{r}\psi)] \\
&= -\frac{\mathrm{i}m}{\hbar}[(\psi, \boldsymbol{r}H\psi) - (H\psi, \boldsymbol{r}\psi)] = -\frac{\mathrm{i}m}{\hbar}E[\overline{\boldsymbol{r}} - \overline{\boldsymbol{r}}] = 0
\end{aligned}$$

3.13 证明力学量 x 与 $F(p_x)$ 的不确定度关系

$$\sqrt{\overline{(\Delta x)^2}\,\overline{(\Delta F)^2}} \geqslant \frac{\hbar}{2}\left|\frac{\partial F}{\partial p_x}\right|$$

以 Hamilton 量 $H = \dfrac{\boldsymbol{p}^2}{2m} + V(\boldsymbol{r})$ 为例,结合 3.12 题进行讨论.

证明

按《量子力学教程》3.3 节,不确定度关系(8),并利用(参见 3.3 题)

$$[x,F] = \mathrm{i}\hbar \frac{\partial F}{\partial p_x}$$

可以得出

$$\sqrt{\overline{(\Delta x)^2}\ \overline{(\Delta F)^2}} \geqslant \frac{1}{2}|\overline{[x,F]}| = \frac{\hbar}{2}\left|\frac{\partial F}{\partial p_x}\right|$$

3.14 证明在 l_z 的本征态下$\overline{l_x}=\overline{l_y}=0$.

证明

假设 ψ_m 是l_z 的本征态,相应的本征值是 $m\hbar$, $l_z\psi_m = m\hbar\psi_m$. 根据角动量的对易关系, $l_yl_z - l_zl_y = \mathrm{i}\hbar l_x$ 可得

$$\begin{aligned}\overline{l}_x &= \frac{1}{\mathrm{i}\hbar}\int \psi_m^*(l_yl_z - l_zl_y)\psi_m \mathrm{d}x \\ &= \frac{1}{\mathrm{i}\hbar}\left[\int \psi_m^* l_yl_z\psi_m \mathrm{d}x - \int \psi_m^* l_zl_y\psi_m \mathrm{d}x\right] \\ &= \frac{1}{\mathrm{i}\hbar}\left[m\hbar\int \psi_m^* l_y\psi_m \mathrm{d}x - \int (l_z\psi_m)^* l_y\psi_m \mathrm{d}x\right] \\ &= \frac{1}{\mathrm{i}\hbar} m\hbar[\overline{l_y} - \overline{l_y}] = 0\end{aligned}$$

类似,利用 $l_zl_x - l_xl_z = \mathrm{i}\hbar l_y$,可以证明$\overline{l}_y = 0$.

3.15 设粒子处于 $\mathrm{Y}_{lm}(\theta,\varphi)$状态下,求$\overline{(\Delta l_x)^2}$和$\overline{(\Delta l_y)^2}$.

解

$\mathrm{Y}_{lm}(\theta,\varphi)$是 $\boldsymbol{l}^2$ 及 l_z 的本征函数,即

$$\boldsymbol{l}^2\mathrm{Y}_{lm}(\theta,\varphi) = l(l+1)\hbar^2\mathrm{Y}_{lm}(\theta,\varphi), \quad l_z\mathrm{Y}_{lm}(\theta,\varphi) = m\hbar\mathrm{Y}_{lm}(\theta,\varphi)$$

按 3.14 题, $\overline{l}_x = \overline{l}_y = 0$,所以

$$\overline{\Delta l_x^2} = \overline{l_x^2}, \quad \overline{\Delta l_y^2} = \overline{l_y^2} \tag{1}$$

其次证明$\overline{l_x^2} = \overline{l_y^2}$. 利用

$$l_x = \frac{1}{2}(l_+ + l_-), \quad l_y = \frac{1}{2\mathrm{i}}(l_+ - l_-)$$

$$\begin{aligned}\langle lm | l_x^2 | lm\rangle &= \frac{1}{4}\langle lm | l_+l_+ + l_-l_- + l_+l_- + l_-l_+ | lm\rangle \\ &= \frac{1}{4}\langle lm | l_+l_- + l_-l_+ | lm\rangle\end{aligned}$$

$$\begin{aligned}\langle lm | l_y^2 | lm\rangle &= \frac{1}{4}\langle lm | -l_+l_+ - l_-l_- + l_+l_- + l_-l_+ | lm\rangle \\ &= \frac{1}{4}\langle lm | l_+l_- + l_-l_+ | lm\rangle\end{aligned}$$

所以

$$\overline{l_x^2} = \overline{l_y^2} \tag{2}$$

再利用 $l_x^2 + l_y^2 = l^2 - l_z^2$，可得

$$\overline{l_x^2} = \overline{l_y^2} = \frac{1}{2}\overline{(l^2 - l_z^2)} = \frac{\hbar^2}{2}[l(l+1) - m^2] \tag{3}$$

所以

$$\overline{\Delta l_x^2} = \overline{\Delta l_y^2} = \frac{\hbar^2}{2}[l(l+1) - m^2] \tag{4}$$

3.16 设体系处于 $\psi = c_1 Y_{11} + c_2 Y_{20}$ 状态（已归一化，即 $|c_1|^2 + |c_2|^2 = 1$）．求

(a) l_z 的可能测值及平均值；

(b) l^2 的可能测值及相应的概率；

(c) l_x 的可能测值及相应的概率．

解

Y_{11} 和 Y_{20} 是 l^2 和 l_z 的共同本征函数，即

$$l^2 Y_{11} = 2\hbar^2 Y_{11}, \quad l^2 Y_{20} = 6\hbar^2 Y_{20}$$

$$l_z Y_{11} = \hbar Y_{11}, \quad l_z Y_{20} = 0$$

(a) l_z 的可能测值为 $\hbar, 0$，所相应的测值概率分别为 $|c_1|^2, |c_2|^2$．所以 l_z 的平均值为

$$\overline{l_z} = \hbar |c_1|^2$$

(b) l^2 的可能测值为 $2\hbar^2$ 和 $6\hbar$，相应的测值概率分别为 $|c_1|^2, |c_2|^2$．

(c) 在 (l^2, l_z) 表象中 l_x 的矩阵元公式，（参阅《量子力学教程》第9章，169页，(26)式．）

$$\langle l'm \pm 1 | \hat{l}_x | lm \rangle = \frac{\hbar}{2}\sqrt{(l \pm m + 1)(l \mp m)}\,\delta_{l'l} \tag{1}$$

可求出 $l = 1$ 的3维子空间中 $\hat{l}_x$ 的矩阵表示为

$$\hat{l}_x = \frac{\hbar}{2}\begin{pmatrix} 0 & 1 & 0 \\ 1 & 0 & 1 \\ 0 & 1 & 0 \end{pmatrix} \tag{2}$$

由此可求出其本征值和本征态如下：

$$\begin{array}{cccc} l_x & \hbar, & 0, & -\hbar \\ & \frac{1}{2}\begin{pmatrix} 1 \\ \sqrt{2} \\ 1 \end{pmatrix}, & \frac{1}{\sqrt{2}}\begin{pmatrix} 1 \\ 0 \\ -1 \end{pmatrix}, & \frac{1}{2}\begin{pmatrix} 1 \\ -\sqrt{2} \\ 1 \end{pmatrix} \end{array} \tag{3}$$

Y_{11}态按这 3 个本征态展开的系数分别为 $1/2, 1/\sqrt{2}, 1/2$. 所以在 $c_1 Y_{11}$ 态下，测量 l_x 得 $\hbar, 0, -\hbar$ 的概率分别是 $|c_1|^2/4, |c_1|^2/2, |c_1|^2/4$.

类似在 $l=2$ 的 3 维子空间中，$\hat{l}_x$ 的矩阵表示为

$$\hat{l}_x = \hbar \begin{pmatrix} 0 & 1 & 0 & 0 & 0 \\ 1 & 0 & \sqrt{3/2} & 0 & 0 \\ 0 & \sqrt{3/2} & 0 & \sqrt{3/2} & 0 \\ 0 & 0 & \sqrt{3/2} & 0 & 1 \\ 0 & 0 & 0 & 1 & 0 \end{pmatrix} \tag{4}$$

由此可求出其本征值和本征态如下：

$$l_x \quad 2\hbar, \quad \hbar, \quad 0, \quad -\hbar, \quad -2\hbar$$

$$\frac{1}{4}\begin{pmatrix} 1 \\ 2 \\ -\sqrt{6} \\ 2 \\ 1 \end{pmatrix}, \quad \frac{1}{2}\begin{pmatrix} 1 \\ 1 \\ 0 \\ -1 \\ -1 \end{pmatrix}, \quad \sqrt{\frac{3}{8}}\begin{pmatrix} 1 \\ 0 \\ -\sqrt{2/3} \\ 0 \\ 1 \end{pmatrix}, \quad \frac{1}{2}\begin{pmatrix} 1 \\ -1 \\ 0 \\ -1 \\ 1 \end{pmatrix}, \quad \frac{1}{4}\begin{pmatrix} 1 \\ -2 \\ \sqrt{6} \\ -2 \\ 1 \end{pmatrix}$$

Y_{20}态按这 5 个本征态展开的系数分别为 $-\sqrt{6}/4, 0, -\sqrt{2/8}, 0, \sqrt{6}/4$. 所以在 $c_2 Y_{20}$ 态下，测量 l_x 得 $2\hbar, \hbar, 0, -\hbar, -2\hbar$ 的概率分别为 $\frac{3}{8}|c_2|^2, 0, \frac{1}{4}|c_2|^2, 0, \frac{3}{8}|c_2|^2$. 而在 $\psi = c_1 Y_{11} + c_2 Y_{20}$ 态下测量得 l_x 的可能值和概率分别为

l_x	$2\hbar$,	$\hbar$,	0,	$-\hbar$,	$-2\hbar$
概率	$\frac{3}{8}\|c_2\|^2$,	$\frac{1}{4}\|c_1\|^2$,	$\frac{1}{2}\|c_1\|^2 + \frac{1}{4}\|c_1\|^2$,	$\frac{1}{4}\|c_1\|^2$,	$\frac{3}{8}\|c_2\|^2$

3.17 算符 A 与 B 不对易，$[A, B] = C$，但 $[C, A] = [C, B] = 0$. 证明

$$e^{A+B} = e^A e^B e^{-\frac{1}{2}C} = e^B e^A e^{\frac{1}{2}C} \qquad \text{(Baker-Hausdorff 公式)}$$

(对于 A 与 B 对易情况，即 $C=0$，显然 $e^{A+B} = e^A \cdot e^B = e^B e^A$)

证明见《量子力学习题精选与剖析》[下]，3.7 题.

3.18 设 A 与 B 是两个不对易的算符，α 为一个参数，证明

$$e^{-\alpha A} B e^{\alpha A} = B - \alpha[A, B] + \frac{\alpha^2}{2!}[A, [A, B]] + \cdots$$

证明见《量子力学习题精选与剖析》[下]，3.5 题.

第 4 章　力学量随时间的演化与对称性

4.1　判断下列提法的正误:(正确○,错误×)

(a) 在非定态下,力学量的平均值随时间变化;(×)

(b) 设体系处于定态,则不含时力学量的测值的概率分布不随时间变化;(○)

(c) 设 Hamilton 量为守恒量,则体系处于定态;(×)

(d) 中心力场中的粒子,处于定态,则角动量取确定值;(×)

(e) 自由粒子处于定态,则动量取确定值;(×)

(f) 一维粒子的能量本征态无简并;(×)

(g) 中心力场中的粒子能级的简并度至少为$(2l+1)$,$l=0,1,2,\cdots$.(○)

4.2　设体系有两个粒子,每个粒子可处于三个单粒子态 φ_1、φ_2、φ_3 中的任何一个态.试求体系可能态的数目,分三种情况讨论:(a)两个全同 Bose 子;(b)两个全同 Fermi 子;(c)两个不同粒子.

解答与分析见《量子力学习题精选与剖析》[下],7.1 题.

4.3　设体系由 3 个粒子组成,每个粒子可能处于 3 个单粒子态(φ_1,φ_2 和 φ_3)中任何一个态,分析体系的可能态的数目,分三种情况:

(a) 不计及波函数的交换对称性;

(b) 要求波函数对于交换是反对称;

(c) 要求波函数对于交换是对称.

试问:对称态和反对称态的总数为多少? 与(a)的结果是否相同? 对此做出说明.

解

(a) 不计及波函数的交换对称性,其可能态的数目为 $3^3=27$;

(b) 要求波函数对于交换是反对称的,其可能态的数目为 1;

(c) 要求波函数对于交换是对称的,其可能态的数目为 $1+6+3=10$(参见《量子力学教程》4.5.4 节,94 页的例题).

对称态和反对称态的总数 $=10+1=11$,而不计及交换对称性的量子态的数目

(即(a)的结果)为 27,两者并不相同.原因在于全同粒子的交换对称性对量子态的限制所造成.

4.4 设力学量 A 不显含 t,H 为体系的 Hamilton 量,证明

$$-\hbar^2 \frac{\mathrm{d}^2}{\mathrm{d}t^2}\bar{A} = \overline{[[A,H],H]}.$$

证明

对于不显含 t 的力学量 A,有

$$\frac{\mathrm{d}}{\mathrm{d}t}\bar{A} = \frac{1}{\mathrm{i}\hbar}\overline{[A,H]}$$

上式两边再对 t 求导,则有

$$\frac{\mathrm{d}^2}{\mathrm{d}t^2}\bar{A} = \frac{\mathrm{d}}{\mathrm{d}t}\frac{1}{\mathrm{i}\hbar}\overline{[A,H]} = \frac{1}{\mathrm{i}\hbar}\overline{\left[\frac{1}{\mathrm{i}\hbar}[A,H],H\right]}$$

$$= -\frac{1}{\hbar^2}\overline{[[A,H],H]}$$

即

$$-\hbar^2 \frac{\mathrm{d}^2}{\mathrm{d}t^2}\bar{A} = \overline{[[A,H],H]}$$

4.5 设力学量 A 不显含 t,证明在束缚定态下

$$\overline{\frac{\mathrm{d}A}{\mathrm{d}t}} = 0$$

证明

定态 ψ 是能量本征态,满足 $H\psi = E\psi$. 对于束缚态,是可以归一化的,即 (ψ,ψ)取有限值.而对于不显含 t 的力学量A,

$$\overline{\frac{\mathrm{d}A}{\mathrm{d}t}} = \frac{1}{\mathrm{i}\hbar}\overline{[A,H]}$$

因此

$$\overline{\frac{\mathrm{d}A}{\mathrm{d}t}} = \frac{1}{\mathrm{i}\hbar}(\psi,[A,H]\psi)/(\psi,\psi)$$

$$= \frac{1}{\mathrm{i}\hbar}[(\psi,AH\psi) - (\psi,HA\psi)]/(\psi,\psi)$$

$$= \frac{1}{\mathrm{i}\hbar}[(\psi,AE\psi) - (H\psi,A\psi)]/(\psi,\psi)$$

$$= \frac{E}{\mathrm{i}\hbar}[\bar{A} - \bar{A}]/(\psi,\psi) = 0$$

4.6 $D_x(a) = \exp\left[-a\dfrac{\partial}{\partial x}\right] = \exp[-\mathrm{i}a\hat{p}_x/\hbar]$表示沿 x 方向平移距离a 的算符. 证明下列形式波函数(Bloch 波函数):

$$\psi(x) = \mathrm{e}^{\mathrm{i}kx}\phi_k(x),\phi_k(x+a) = \phi_k(x)$$

是 $D_x(a)$的本征态,相应本征值为 $\mathrm{e}^{-\mathrm{i}ka}$.

证明

利用

$$\exp\left[-a\frac{\partial}{\partial x}\right]\psi(x) = \psi(x-a)$$

可得

$$D_x(a)\psi(x) = \exp\left[-a\frac{\partial}{\partial x}\right]\psi(x) = \psi(x-a)$$

而对于形式为 $\psi(x) = \mathrm{e}^{\mathrm{i}kx}\phi_k(x),\phi_k(x+a) = \phi_k(x)$的波函数

$$\begin{aligned}\psi(x-a) &= \mathrm{e}^{\mathrm{i}k(x-a)}\phi_k(x-a)\\ &= \mathrm{e}^{-\mathrm{i}ka}\mathrm{e}^{\mathrm{i}kx}\phi_k(x) = \mathrm{e}^{-\mathrm{i}ka}\psi(x)\end{aligned}$$

所以 $D_x(a)\psi(x) = \mathrm{e}^{-\mathrm{i}ka}\psi(x)$,即 $\psi(x)$是 $D_x(a)$的本征态,相应本征值为 $\mathrm{e}^{-\mathrm{i}ka}$.

4.7 设体系的束缚能级和归一化能量本征态分别为 E_n 和ψ_n,n 为标记包含 Hamilton 量 H 在内的力学量完全集的本征态的一组好量子数. 设 H 含有一个参数λ,证明

$$\frac{\partial E_n}{\partial \lambda} = \left\langle \psi_n \middle| \frac{\partial H}{\partial \lambda} \middle| \psi_n \right\rangle$$

此即 Feynman-Hellmann 定理.

证明见《量子力学习题精选与剖析》[下],5.1 题.

4.8 设包含 Hamilton 量 H 在内的一组守恒量完全集的共同本征态和本征值分别为$|n\rangle$和 E_n,n 为一组完备好量子数. 证明,力学量(算符)F 随时间的变化,在此能量表象中表示为

$$\left(\frac{\mathrm{d}F}{\mathrm{d}t}\right)_{nn'} = \mathrm{i}\omega_{nn'}F_{nn'},\qquad \omega_{nn'} = (E_n - E_{n'})/\hbar.$$

证明见《量子力学习题精选与剖析》[下],2.1 题.

4.9 设 Hamilton 量 $H = p^2/2\mu + V(\boldsymbol{r})$,证明下列求和规则:

$$\sum_n (E_n - E_m)\,|x_{nm}|^2 = \hbar^2/2\mu$$

x 是$\boldsymbol{r}$ 的一个分量,$\sum\limits_n$ 是对一切能量本征态求和,E_n 是相应于n 态的能量本征值,

$$H|n\rangle = E_n|n\rangle.$$

提示 计算$[[H,x],x]$,并求$\langle m|[[H,x],x]|m\rangle$.

证明见《量子力学习题精选与剖析》[下],2.2题.

4.10 设$F(\boldsymbol{r},\boldsymbol{p})$为厄米算符,证明在能量表象中的求和规则

$$\sum_n (E_n - E_k) | F_{nk} |^2 = \frac{1}{2}\langle k | [F,[H,F]] | k\rangle$$

证明见《量子力学习题精选与剖析》[下],2.4题.

第5章 中心力场

5.1 利用《量子力学教程》**5.1.3** 节中式(17),(18),证明下列关系:

相对动量 $\boldsymbol{p}=\mu\dot{\boldsymbol{r}}=\dfrac{1}{M}(m_2\boldsymbol{p}_1-m_1\boldsymbol{p}_2)$

总动量 $\boldsymbol{P}=M\dot{\boldsymbol{R}}=\boldsymbol{p}_1+\boldsymbol{p}_2$

总轨道角动量 $\boldsymbol{L}=\boldsymbol{l}_1+\boldsymbol{l}_2=\boldsymbol{r}_1\times\boldsymbol{p}_1+\boldsymbol{r}_2\times\boldsymbol{p}_2=\boldsymbol{R}\times\boldsymbol{P}+\boldsymbol{r}\times\boldsymbol{p}$

总动能 $T=\dfrac{\boldsymbol{p}_1^2}{2m_1}+\dfrac{\boldsymbol{p}_2^2}{2m_2}=\dfrac{\boldsymbol{P}^2}{2M}+\dfrac{\boldsymbol{p}^2}{2\mu}$

反之,有

$$\boldsymbol{r}_1=\boldsymbol{R}+\frac{\mu}{m_1}\boldsymbol{r},\qquad \boldsymbol{r}_2=\boldsymbol{R}-\frac{\mu}{m_2}\boldsymbol{r}$$

$$\boldsymbol{p}_1=\frac{\mu}{m_2}\boldsymbol{P}+\boldsymbol{p},\qquad \boldsymbol{p}_2=\frac{\mu}{m_1}\boldsymbol{P}-\boldsymbol{p}$$

以上各式中,$M=m_1+m_2,\mu=m_1m_2/(m_1+m_2)$.

证明

利用 $\boldsymbol{R}=\dfrac{m_1\boldsymbol{r}_1+m_2\boldsymbol{r}_2}{m_1+m_2}$,$\boldsymbol{r}=\boldsymbol{r}_1-\boldsymbol{r}_2$,以及 M 和 μ 的定义,可得出

$$\boldsymbol{p}=\mu\dot{\boldsymbol{r}}=\frac{m_1m_2}{m_1+m_2}(\dot{\boldsymbol{r}}_1-\dot{\boldsymbol{r}}_2)=\frac{m_2(m_1\dot{\boldsymbol{r}}_1)-m_1(m_2\dot{\boldsymbol{r}}_2)}{M}=\frac{m_2\boldsymbol{p}_1-m_1\boldsymbol{p}_2}{M}$$

$$\boldsymbol{P}=M\dot{\boldsymbol{R}}=M\frac{m_1\dot{\boldsymbol{r}}_1+m_2\dot{\boldsymbol{r}}_2}{m_1+m_2}=m_1\dot{\boldsymbol{r}}_1+m_2\dot{\boldsymbol{r}}_2=\boldsymbol{p}_1+\boldsymbol{p}_2$$

$$\begin{aligned}\boldsymbol{R}\times\boldsymbol{P}+\boldsymbol{r}\times\boldsymbol{p}&=\frac{m_1\boldsymbol{r}_1+m_2\boldsymbol{r}_2}{m_1+m_2}\times(\boldsymbol{p}_1+\boldsymbol{p}_2)+(\boldsymbol{r}_1-\boldsymbol{r}_2)\times\frac{1}{M}(m_2\boldsymbol{p}_1-m_1\boldsymbol{p}_2)\\&=\frac{1}{M}[(m_1+m_2)\boldsymbol{r}_1\times\boldsymbol{p}_1+(m_1+m_2)\boldsymbol{r}_2\times\boldsymbol{p}_2]=\boldsymbol{r}_1\times\boldsymbol{p}_1+\boldsymbol{r}_2\times\boldsymbol{p}_2\end{aligned}$$

所以

$$\boldsymbol{L}=\boldsymbol{l}_1+\boldsymbol{l}_2=\boldsymbol{r}_1\times\boldsymbol{p}_1+\boldsymbol{r}_2\times\boldsymbol{p}_2=\boldsymbol{R}\times\boldsymbol{P}+\boldsymbol{r}\times\boldsymbol{P}$$

$$\begin{aligned}\frac{\boldsymbol{P}^2}{2M}+\frac{\boldsymbol{p}^2}{2\mu}&=\frac{(\boldsymbol{p}_1+\boldsymbol{p}_2)^2}{2(m_1+m_2)}+\frac{m_1+m_2}{2m_1m_2}\frac{1}{(m_1+m_2)^2}(m_2\boldsymbol{p}_1-m_1\boldsymbol{p}_2)^2\\&=\frac{1}{2(m_1+m_2)}\left[\left(\frac{m_1+m_2}{m_1}\right)\boldsymbol{p}_1^2+\left(\frac{m_1+m_2}{m_2}\right)\boldsymbol{p}_2^2\right]\end{aligned}$$

$$= \frac{\boldsymbol{p}_1^2}{2m_1} + \frac{\boldsymbol{p}_2^2}{2m_2}$$

因而

$$T = \frac{\boldsymbol{p}_1^2}{2m_1} + \frac{\boldsymbol{p}_2^2}{2m_2} = \frac{\boldsymbol{P}^2}{2M} + \frac{\boldsymbol{p}^2}{2\mu}$$

$$\boldsymbol{R} + \frac{\mu}{m_1}\boldsymbol{r} = \frac{m_1\boldsymbol{r}_1 + m_2\boldsymbol{r}_2}{m_1 + m_2} + \frac{m_1 m_2}{m_1(m_1 + m_2)}(\boldsymbol{r}_1 - \boldsymbol{r}_2) = \boldsymbol{r}_1$$

$$\frac{\mu}{m_2}\boldsymbol{P} + \boldsymbol{p} = \frac{m_1 m_2}{m_2(m_1 + m_2)}(\boldsymbol{p}_1 + \boldsymbol{p}_2) + \frac{1}{m_1 + m_2}(m_2\boldsymbol{p}_1 - m_1\boldsymbol{p}_2) = \boldsymbol{p}_1$$

类似有

$$\boldsymbol{R} - \frac{\mu}{m_2}\boldsymbol{r} = \boldsymbol{r}_2, \qquad \frac{\mu}{m_1}\boldsymbol{P} - \boldsymbol{p} = \boldsymbol{p}_2$$

所以

$$\boldsymbol{r}_1 = \boldsymbol{R} + \frac{\mu}{m_1}\boldsymbol{r}, \qquad \boldsymbol{r}_2 = \boldsymbol{R} - \frac{\mu}{m_2}\boldsymbol{r}$$

$$\boldsymbol{p}_1 = \frac{\mu}{m_2}\boldsymbol{P} + \boldsymbol{p}, \qquad \boldsymbol{p}_2 = \frac{\mu}{m_1}\boldsymbol{P} - \boldsymbol{p}$$

5.2 同上题.求坐标表象中 $\boldsymbol{p}$、$\boldsymbol{P}$ 和 $\boldsymbol{L}$ 的算符表示式

$$\boldsymbol{p} = -\mathrm{i}\hbar\nabla_r, \boldsymbol{P} = -\mathrm{i}\hbar\nabla_R, \boldsymbol{L} = \boldsymbol{R}\times\boldsymbol{P} + \boldsymbol{r}\times\boldsymbol{p}$$

解

$$-\mathrm{i}\hbar\nabla_r = -\mathrm{i}\hbar\left(\frac{\partial\boldsymbol{r}_1}{\partial\boldsymbol{r}}\nabla_{r_1} + \frac{\partial\boldsymbol{r}_2}{\partial\boldsymbol{r}}\nabla_{r_2}\right) = -\mathrm{i}\hbar\left[\frac{\mu}{m_1}\nabla_{r_1} - \frac{\mu}{m_2}\nabla_{r_2}\right]$$

$$= -\mathrm{i}\hbar\left(\frac{m_2}{m_1 + m_2}\nabla_{r_1} - \frac{m_1}{m_1 + m_2}\nabla_{r_2}\right) = \frac{m_2}{M}\boldsymbol{p}_1 - \frac{m_1}{M}\boldsymbol{p}_2 = \boldsymbol{p}$$

$$-\mathrm{i}\hbar\nabla_R = -\mathrm{i}\hbar\left(\frac{\partial\boldsymbol{r}_1}{\partial\boldsymbol{R}}\nabla_{r_1} + \frac{\partial\boldsymbol{r}_2}{\partial\boldsymbol{R}}\nabla_{r_2}\right) = -\mathrm{i}\hbar[\nabla_{r_1} + \nabla_{r_2}]$$

$$= \boldsymbol{p}_1 + \boldsymbol{p}_2 = \boldsymbol{P}$$

$$\boldsymbol{L} = \boldsymbol{R}\times\boldsymbol{P} + \boldsymbol{r}\times\boldsymbol{p} = \boldsymbol{R}\times(-\mathrm{i}\hbar\nabla_R) + \boldsymbol{r}\times(-\mathrm{i}\hbar\nabla_r)$$

$$= -\mathrm{i}\hbar\boldsymbol{R}\times\frac{\partial}{\partial\boldsymbol{R}} - \mathrm{i}\hbar\boldsymbol{r}\times\frac{\partial}{\partial\boldsymbol{r}}$$

5.3 利用氢原子能级公式,讨论下列体系的能谱:

(a) 电子偶素(positronium,指 e^+-e^- 束缚体系);

(b) μ 原子(muonic atom),指平常原子中有一个电子 e^- 被一个 μ^- 粒子代替;

(c) μ 子偶素(muonium,指 μ^+-μ^- 束缚体系).

解

(a) 由于正负电子的质量均为 m_e,电子偶素的约化质量为

$$\mu=\frac{m_e m_e}{m_e+m_e}=\frac{1}{2}m_e$$

此体系的能谱为 $E=E_n=-\frac{e^2}{2a}\frac{1}{n^2}=-\frac{\mu e^4}{2\hbar^2}\frac{1}{n^2}=-\frac{m_e e^4}{4\hbar^2}\frac{1}{n^2}$, $n=1,2,3,\cdots$

(b) μ 原子中 μ 子质量为 $m_\mu\approx 207m_e$,原子核的质量为 M,而约化质量为

$$\mu=\frac{m_\mu M}{m_\mu+M}\approx\frac{207m_e}{1+207m_e/M}$$

体系的能谱为

$$\begin{aligned}E=E_n&=-\frac{e^2}{2a}\frac{1}{n^2}=-\frac{\mu e^4}{2\hbar^2}\frac{1}{n^2}\\&=-\frac{e^4}{2\hbar^2}\left(\frac{m_\mu}{1+m_\mu/M}\right)\frac{1}{n^2},\quad n=1,2,3,\cdots\\&\approx-\frac{e^4}{2\hbar^2}\left(\frac{207m_e}{1+207m_e/M}\right)\frac{1}{n^2}\end{aligned}$$

(c) 设 μ 子质量为 m_μ,则 μ 子偶素的约化质量为 $\mu=\frac{1}{2}m_\mu$,体系的能谱为

$$E=E_n=-\frac{e^2}{2a}\frac{1}{n^2}=-\frac{\mu e^4}{2\hbar^2}\frac{1}{n^2}=-\frac{m_\mu e^4}{4\hbar^2}\frac{1}{n^2},\qquad n=1,2,3,\cdots$$

概括起来,如采用自然单位(能量自然单位是 $\mu e^4/\hbar^2$),则这几个体系的能级公式都与氢原子相同,即 $E_n=-1/2n^2$,但每个体系的约化质量 μ 不同.按能量自然单位或按约化质量 μ 的大小,其顺序如下

电子偶素	氢原子	μ 子偶素	μ 原子
$\frac{1}{2}m_e$	$\frac{m_e}{1+1/1840}\approx m_e$	$\frac{1}{2}m_\mu\approx 103.5m_e$	$\frac{207m_e}{1+207m_e/M}$

5.4 对于氢原子基态,计算 $\Delta x\cdot\Delta p$.

解

氢原子基态波函数为 $\psi_{100}=\left(\frac{1}{\pi a^3}\right)^{1/2}e^{-r/a}$.考虑到氢原子波函数具有空间旋转和空间反射不变性,必有

$$\overline{\boldsymbol{r}}=0,\qquad \overline{\boldsymbol{p}}=0$$

而

$$\begin{aligned}\overline{r^2}&=\int\psi_{100}^*r^2\psi_{100}\mathrm{d}\tau=\frac{1}{\pi a^3}\int e^{-\frac{2r}{a}}r^4\sin\theta\mathrm{d}\theta\mathrm{d}\varphi\mathrm{d}r\\&=\frac{1}{\pi a^3}\int_0^{2\pi}\mathrm{d}\varphi\int_0^{\pi}\sin\theta\mathrm{d}\theta\int_0^{\infty}r^4e^{-\frac{2r}{a}}\mathrm{d}r\end{aligned}$$

$$= 3a^2 \qquad (a = \hbar^2/\mu e^2, \text{Bohr 半径})$$

对氢原子(Coulomb 势),按位力定理(见《量子力学教程》,80 页,练习题),动能平均值 $\bar{T} = -\bar{V}/2$(势能平均值),而对于能量本征态,$E = \bar{T} + \bar{V}$,由此可得 $\bar{T} = -E$. 对于氢原子基态

$$E = E_1 = -\frac{me^4}{2\hbar^2}$$

因此

$$\frac{1}{2m}\overline{p^2} = \frac{me^4}{2\hbar^2}, \text{即} \overline{p^2} = \frac{m^2e^4}{\hbar^2} = \frac{\hbar^2}{a^2}$$

由氢原子基态波函数($l=0$)的球对称性,有

$$\overline{x^2} = \overline{y^2} = \overline{z^2} = \frac{1}{3}\overline{r^2} = a^2, \quad \overline{p_x^2} = \overline{p_y^2} = \overline{p_z^2} = \frac{1}{3}\overline{p^2} = \frac{\hbar^2}{3a^2}$$

所以

$$\Delta x \cdot \Delta p_x = \sqrt{\overline{x^2} \cdot \overline{p_x^2}} = \sqrt{a^2 \cdot \frac{\hbar^2}{3a^2}} = \frac{\hbar}{\sqrt{3}}$$

5.5 对于氢原子基态,求电子处于经典禁区($r>2a$)(即 $E-V<0$ 区域)的概率.

解

氢原子基态波函数为

$$\psi_0 = \frac{1}{\sqrt{\pi}a^{3/2}}e^{-r/a}$$

$a=\hbar^2/\mu e^2$ 是 Bohr 半径. 基态能量 $E_1 = -\frac{\mu e^4}{2\hbar^2} = -\frac{e^2}{2a}$,而 $V(r) = -\frac{e^2}{r}$,$(E_1 - V)<0$ 区域相当于 $r>2a$,此即经典力学所不允许的区域. 因此处于经典禁区的概率为

$$P = \int_0^{2\pi}d\varphi\int_0^{\pi}\sin\theta d\theta\int_{2a}^{\infty}r^2\frac{1}{\pi a^3}e^{-2r/a}dr = 13e^{-4} \approx 0.238$$

5.6 对于类氢原子(核电荷 Ze)的"圆轨道"(指 $n_r=0$,即 $l=n-1$ 的轨道),计算

(a) 最概然半径;(答:n^2a/Z)

(b) 平均半径;(答:$\langle r\rangle_{nn-1m} = (n^2 + n/2)a/Z$)

(c) 涨落 $\Delta r = [\langle r^2\rangle - \langle r\rangle^2]^{1/2}$. (答:$\left(\frac{n^3}{2} + \frac{n^2}{4}\right)^{1/2}a/Z$)

详细计算,见《量子力学习题精选与剖析》[上],5.17 题.

5.7 按(5.1)节,式(8),中心力场 $V(r)$中的粒子的径向方程可以写成

$$H_l\chi_l(r) = E\chi_l(r)$$

$$H_l = -\frac{\hbar^2}{2\mu}\frac{d^2}{dr^2} + V(r) + \frac{l(l+1)\hbar^2}{2\mu r^2}$$

利用 Feynman-Hellmann 定理(见 4.7 题),证明对于处在能量本征态下的三维各向同性谐振子,有

$$\langle r^{-2}\rangle_{Nlm} = \frac{1}{l+1/2}\left(\frac{\mu\omega}{\hbar}\right)$$

$$\langle r^2\rangle_{Nlm} = (N+3/2)\hbar/\mu\omega$$

证明,见《量子力学》,卷Ⅰ,6.5 节,343 页,式(24).

5.8 对于类氢原子(核电荷为 Ze),计算处于束缚态 ψ_{nlm}下的电子的$\langle r^{-1}\rangle$和$\langle r^{-2}\rangle$.

提示 分别利用位力定理和 Feynman-Hellmann 定理(见习题 4.3 题).

分析与解答见《量子力学习题精选与剖析》[上],5.8 题.

答案 $\langle r^{-1}\rangle = Z/n^2a$,$a=\hbar^2/\mu e^2$(Bohr 半径),$\langle r^{-2}\rangle = Z^2/(l+1/2)n^3a^2$.

*__5.9__ 设碱金属原子中的价电子所受原子实(原子核+满壳电子)的作用近似表为

$$V(r) = -\frac{e^2}{r} - \lambda\frac{e^2a}{r^2} \quad (0<\lambda\ll 1)$$

a 为 Bohr 半径,上式右边第 2 项为屏蔽 Coulomb 势,求价电子的能级.

提示 令 $l(l+1)-2\lambda = l'(l'+1)$,解出 l'

$$l' = -\frac{1}{2} + (l+1/2)\left[1-\frac{8\lambda}{(2l+1)^2}\right]^{1/2}$$

答案 能级可表成 $E_{n'} = -\frac{e^2}{2a}\frac{1}{n'^2}$,$n' = n_r + l' + 1$,$n_r = 0,1,2,\cdots$.对于$\lambda\ll 1$,可令

$$l' = l+\Delta l, \Delta l \approx -\lambda/(l+1/2) \ll 1$$

$$E_{n'} \approx E_{nl} = -\frac{e^2}{2a}\frac{1}{(n+\Delta l)^2}, n = 1,2,3,\cdots$$

*__5.10__ 设质子(自旋为$\hbar/2$)处于三维各向同性谐振子势中,能级 $E_N = (N+3/2)\hbar\omega$,简并度(计及自旋)$f_N = (N+1)(N+2)$.

(a) 利用位力定理,求第 N 壳的质子的 r^2 的平均值;

(b) 设质子按 Pauli 原理从 $N=0$ 壳开始一直填满第 $N=K$ 壳,求质子总数以及 r^2 的平均值$\langle r^2\rangle$;

(c) 设质子总数为 Z,试求$\sqrt{\langle r^2\rangle}$与 Z 的函数关系.

分析与解答见《量子力学习题精选与剖析》[下],7.24 题.

5.11 仿照 5.3 节,在直角坐标系中求解二维各向同性谐振子的能级和简并度,与三维各向同性谐振子比较.

分析与解答见《量子力学习题精选与剖析》[上],3.9 题.

答案 $E_N=(N+1)\hbar\omega, N=n_x+n_y, n_x, n_y, N=0,1,2,\cdots$,简并度 $f_N=(N+1)$.

二维与三维谐振子的能级都是均匀分布,但简并度不同(三维情况)

$$f_N=\frac{1}{2}(N+1)(N+2)$$

5.12 二维谐振子势 $V(x,y)=\frac{1}{2}m\omega_x^2x^2+\frac{1}{2}m\omega_y^2y^2$,设 $\omega_x/\omega_y=1/2$,求能级的分布和简并度.能级是否均匀分布?简并度有何规律?

分析与解答见《量子力学习题精选与剖析》[下],7.14 题.

答案 $E_N=\frac{2}{3}\left(N+\frac{3}{2}\right)\hbar\omega_0, N=n_x+2n_y, n_x, n_y, N=0,1,2,\cdots, \omega_0=\frac{3}{2}\omega_x=\frac{3}{4}\omega_y$.

能级简并度为 $f_N=\begin{cases}N/2+1, N=0,2,4,\cdots\\(N+1)/2, N=1,3,5,\cdots\end{cases}$

***5.13** 分析二维 Coulomb 引力势(自然单位)$V(\rho)=-1/\rho$ 中电子的能级分布和简并度,与三维情况比较.

详细分析及解答见《量子力学》,卷Ⅰ,6.6.1 节,345~347 页.

答案 $E_n=-1/2n^2$(原子单位),

$$n=n_\rho+|m|+1/2=1/2,3/2,5/2,\cdots. n_\rho, |m|=0,1,2,\cdots$$

能级的简并度为 $f_n=2n=1,3,5,\cdots$

能级公式与三维情况相同,但主量子数取值不同(三维情况,$n=1,2,3,\cdots$),因而能级分布很不相同.简并度 $f_n=(n+1)$与三维情况($f_n=n^2$)也不相同,因而能级的壳结构也不相同.

第 6 章　电磁场中粒子的运动

6.1　证明粒子速度算符(见《量子力学教程》6.1 节,式(15))各分量满足下列对易关系

$$[\hat{v}_x,\hat{v}_y]=\frac{\mathrm{i}\hbar q}{\mu^2 c}B_z,\quad [\hat{v}_y,\hat{v}_z]=\frac{\mathrm{i}\hbar q}{\mu^2 c}B_x,\quad [\hat{v}_z,\hat{v}_x]=\frac{\mathrm{i}\hbar q}{\mu^2 c}B_y$$

即

$$\hat{\boldsymbol{v}}\times\hat{\boldsymbol{v}}=\frac{\mathrm{i}\hbar q}{\mu^2 c}\boldsymbol{B}$$

再证明

$$[\hat{\boldsymbol{v}},\hat{\boldsymbol{v}}^2]=\frac{\mathrm{i}\hbar q}{\mu^2 c}(\hat{\boldsymbol{v}}\times\boldsymbol{B}-\boldsymbol{B}\times\hat{\boldsymbol{v}})$$

在只有磁场的情况下,把 Hamilton 量写成 $H=\frac{\mu}{2}\hat{\boldsymbol{v}}^2$,由此证明

$$\mu\frac{\mathrm{d}}{\mathrm{d}t}\hat{\boldsymbol{v}}=\frac{q}{2c}(\hat{\boldsymbol{v}}\times\boldsymbol{B}-\boldsymbol{B}\times\hat{\boldsymbol{v}})$$

解释其物理意义.

证明

(1)
$$\hat{\boldsymbol{v}}=\frac{1}{\mu}\left(\boldsymbol{P}-\frac{q}{c}\boldsymbol{A}\right)$$

即

$$\hat{v}_x=\frac{1}{\mu}\left(\hat{P}_x-\frac{q}{c}A_x\right),\hat{v}_y=\frac{1}{\mu}\left(\hat{P}_y-\frac{q}{c}A_y\right),\hat{v}_z=\frac{1}{\mu}\left(\hat{P}_z-\frac{q}{c}A_z\right)$$

所以

$$[\hat{v}_x,\hat{v}_y]=-\frac{q}{\mu^2 c}\{[\hat{P}_x,A_y]+[A_x,\hat{P}_y]\}$$

利用公式$[\hat{\boldsymbol{P}},F(\boldsymbol{r})]=-\mathrm{i}\hbar\nabla F(\boldsymbol{r})$,可得

$$[\hat{v}_x,\hat{v}_y]=\frac{\mathrm{i}\hbar q}{\mu^2 c}\left(\frac{\partial A_y}{\partial x}-\frac{\partial A_x}{\partial y}\right)=\frac{\mathrm{i}\hbar q}{\mu^2 c}(\nabla\times\boldsymbol{A})_z=\frac{\mathrm{i}\hbar q}{\mu^2 c}B_z$$

同理

$$[\hat{v}_y, \hat{v}_z] = \frac{\mathrm{i}\hbar q}{\mu^2 c} B_x, [\hat{v}_z, \hat{v}_x] = \frac{\mathrm{i}\hbar q}{\mu^2 c} B_y$$

写成矢量形式

$$\begin{aligned}\hat{\boldsymbol{v}} \times \hat{\boldsymbol{v}} &= [\hat{v}_y, \hat{v}_z]\boldsymbol{e}_x + [\hat{v}_z, \hat{v}_x]\boldsymbol{e}_y + [\hat{v}_x, \hat{v}_y]\boldsymbol{e}_z \\ &= \frac{\mathrm{i}\hbar q}{\mu^2 c}[B_x\boldsymbol{e}_x + B_y\boldsymbol{e}_y + B_z\boldsymbol{e}_z] = \frac{\mathrm{i}\hbar q}{\mu^2 c}\boldsymbol{B}\end{aligned}$$

(2)
$$\begin{aligned}[\hat{v}_x, \hat{\boldsymbol{v}}^2] &= [\hat{v}_x, \hat{v}_x^2 + \hat{v}_y^2 + \hat{v}_z^2] = [\hat{v}_x, \hat{v}_y^2] + [\hat{v}_x, \hat{v}_z^2] \\ &= \hat{v}_y[\hat{v}_x, \hat{v}_y] + [\hat{v}_x, \hat{v}_y]\hat{v}_y + \hat{v}_z[\hat{v}_x, \hat{v}_z] + [\hat{v}_x, \hat{v}_z]\hat{v}_z \\ &= \frac{\mathrm{i}\hbar q}{\mu^2 c}(\hat{v}_y B_z + B_z\hat{v}_y - \hat{v}_z B_y - B_y\hat{v}_z) \\ &= \frac{\mathrm{i}\hbar q}{\mu^2 c}\{(\hat{\boldsymbol{v}} \times \boldsymbol{B})_x - (\boldsymbol{B} \times \hat{\boldsymbol{v}})_x\}\end{aligned}$$

同理

$$[\hat{v}_y, \hat{\boldsymbol{v}}^2] = \frac{\mathrm{i}\hbar q}{\mu^2 c}\{(\hat{\boldsymbol{v}} \times \boldsymbol{B})_y - (\boldsymbol{B} \times \hat{\boldsymbol{v}})_y\}$$

$$[\hat{v}_z, \hat{\boldsymbol{v}}^2] = \frac{\mathrm{i}\hbar q}{\mu^2 c}\{(\hat{\boldsymbol{v}} \times \boldsymbol{B})_z - (\boldsymbol{B} \times \hat{\boldsymbol{v}})_z\}$$

即

$$[\hat{\boldsymbol{v}}, \hat{\boldsymbol{v}}^2] = \frac{\mathrm{i}\hbar q}{\mu^2 c}(\hat{\boldsymbol{v}} \times \boldsymbol{B} - \boldsymbol{B} \times \hat{\boldsymbol{v}})$$

(3) 在只有磁场的情况下，$H = \frac{\mu}{2}\hat{\boldsymbol{v}}^2$，由此可以得出

$$\begin{aligned}\mu\frac{\mathrm{d}\hat{\boldsymbol{v}}}{\mathrm{d}t} &= \frac{\mu}{\mathrm{i}\hbar}[\hat{\boldsymbol{v}}, H] = \frac{\mu^2}{2\mathrm{i}\hbar}[\hat{\boldsymbol{v}}, \hat{\boldsymbol{v}}^2] \\ &= \frac{q}{2c}(\hat{\boldsymbol{v}} \times \boldsymbol{B} - \boldsymbol{B} \times \hat{\boldsymbol{v}})\end{aligned}$$

6.2 荷电 q 质量为 μ 的粒子在均匀外磁场 $\boldsymbol{B}$ 中运动，Hamilton 量为

$$H = \frac{1}{2\mu}\left(\hat{\boldsymbol{P}} - \frac{q}{c}\boldsymbol{A}\right)^2 = \frac{1}{2}\mu\hat{\boldsymbol{v}}^2$$

$$\hat{\boldsymbol{v}} = \frac{1}{\mu}\left(\hat{\boldsymbol{P}} - \frac{q}{c}\boldsymbol{A}\right)$$

速度算符 $\hat{\boldsymbol{v}}$ 的三个分量满足的对易式，见上题. 假设 $\boldsymbol{B}$ 沿 z 轴方向，只考虑粒子在 xy 平面中的运动，则有

$$[\hat{v}_x, \hat{v}_y] = \frac{\mathrm{i}\hbar q}{\mu^2 c}B$$

设 $q>0$,令

$$\hat{Q} = \sqrt{\frac{\mu^2 c}{\hbar q B}}\hat{v}_x, \hat{P} = \sqrt{\frac{\mu^2 c}{\hbar q B}}\hat{v}_y$$

则

$$[\hat{Q}, \hat{P}] = \mathrm{i}$$

而

$$H = \frac{1}{2}\mu(\hat{v}_x^2 + \hat{v}_y^2) = \frac{1}{2}(\hat{Q}^2 + \hat{P}^2)\hbar\omega_c$$

式中 $\omega_c = qB/\mu c$ 为回转角频率,上式与谐振子的 Hamilton 量(自然单位)相似. 由此可以求出其能量本征值(即 Landau 能级)

$$E_n = (n + 1/2)\hbar\omega_c$$

详细计算与分析见《量子力学习题精选与剖析》[上],3.10 题.

6.3 求互相垂直的均匀电场和磁场中的带电粒子的能量本征值.

提示 设电场沿 y 方向 $\boldsymbol{\mathscr{E}} = (0, \mathscr{E}, 0)$,磁场沿 z 方向,选 Laudau 规范,$\boldsymbol{A} = (-\boldsymbol{B}_y, 0, 0)$,则在 xy 平面内运动的粒子的 Hamilton 量为

$$H = \frac{1}{2M}\left[\left(\hat{P}_x + \frac{qB}{c}y\right)^2 + \hat{P}_y^2\right] - q\mathscr{E}y$$

选择守恒量完全集为$(H, \hat{P}_x)$,即令能量本征函数表示为 $\varphi(x,y) = \mathrm{e}^{\mathrm{i}P_x x/\hbar}\phi(y)$,$(-\infty < P_x(\text{实}) < \infty)$,则 $\phi(y)$满足

$$\left[-\frac{\hbar^2}{2M}\frac{\mathrm{d}^2}{\mathrm{d}y^2} + \frac{q^2B^2}{2Mc^2}y^2 + \left(\frac{qBP_x}{Mc} - q\mathscr{E}\right)y\right]\phi(y) = \left(E - \frac{P_x^2}{2M}\right)\phi(y)$$

即

$$\left[-\frac{\hbar^2}{2M}\frac{\mathrm{d}^2}{\mathrm{d}y^2} + \frac{q^2B^2}{2Mc^2}(y - y_0)^2\right]\phi(y) = \left(E - \frac{P_x^2}{2M} + \frac{q^2B^2}{2Mc^2}y_0^2\right)\phi(y)$$

式中 $y_0 = \frac{Mc^2}{qB^2}\left(\mathscr{E} - \frac{BP_x}{Mc}\right)$. 所以

$$E = \left(n + \frac{1}{2}\right)\hbar\omega_c + P_x^2/2M - q^2B^2y_0^2/2Mc^2 \qquad (\omega_c = |q|B/Mc)$$

$$= \left(n + \frac{1}{2}\right)\hbar\omega_c + \frac{cP_x\mathscr{E}}{B} - \frac{1}{2}Mc^2\mathscr{E}^2/B^2, \qquad n = 0,1,2,\cdots$$

详细计算与分析见《量子力学习题精选与剖析》[上],3.13 题.

6.4 设电子囚禁在二维各向同性谐振子场中,$V = \frac{1}{2}M\omega_0^2(x^2 + y^2)$,如再受

到沿 z 轴方向的均匀磁场 B 的作用,取矢势 $\boldsymbol{A}=\frac{1}{2}\boldsymbol{B}\times\boldsymbol{r}$.

(a) 求电子的能级和本征函数;

(b) 分别讨论 $B\to0$ 和 $B\to\infty$ 两种极限情况以及能级简并度的变化.

提示 电子的 Hamilton 量 $H=H_0+V$, $H_0=\frac{1}{2M}(\hat{P}_x^2+\hat{P}_y^2)+\frac{1}{2}M\omega_L^2(x^2+y^2)+\omega_L l_z$, $\omega_L=eB/2Mc$(见 6.3 节,式(3)).

详细分析及解答见《量子力学》,卷Ⅰ,7.4 节,376~379 页.

第 7 章　量子力学的矩阵形式与表象变换

7.1　设矩阵 A、B、C 满足 $A^2=B^2=C^2=1$, $BC-CB=\mathrm{i}A$.

(a) 证明　$AB+BA=AC+CA=0$;

(b) 在 A 表象中(设无简并),求出 B 和 C 的矩阵表示.

解

(a) 对　$BC-CB=\mathrm{i}A$

分别右乘 B 和左乘 B,利用 $B^2=1$,得

$$BCB-CB^2=BCB-C=\mathrm{i}AB \tag{1}$$

$$B^2C-BCB=C-BCB=\mathrm{i}BA \tag{2}$$

(1)+(2)得

$$AB+BA=0$$

类似有

$$AC+CA=0.$$

(b) 由于 $A^2=1$,可知其本征值为 ±1. 又按假定,A 本征态无简并,所以,在 A 表象中 A 的对角矩阵表示为

$$A=\begin{pmatrix}1 & 0\\ 0 & -1\end{pmatrix}$$

设 B 的矩阵为

$$B=\begin{pmatrix}a & b\\ c & d\end{pmatrix}$$

由 $AB+BA=0$,得

$$\begin{pmatrix}1 & 0\\ 0 & -1\end{pmatrix}\begin{pmatrix}a & b\\ c & d\end{pmatrix}+\begin{pmatrix}a & b\\ c & d\end{pmatrix}\begin{pmatrix}1 & 0\\ 0 & -1\end{pmatrix}=0$$

即

$$\begin{pmatrix}a & b\\ -c & -d\end{pmatrix}+\begin{pmatrix}a & -b\\ c & -d\end{pmatrix}=\begin{pmatrix}2a & 0\\ 0 & -2d\end{pmatrix}=0$$

所以 $a=0$, $d=0$,即

$$B=\begin{pmatrix}0 & b\\ c & 0\end{pmatrix}$$

又由 $B^2=1$,有

$$\begin{pmatrix}0 & b\\ c & 0\end{pmatrix}\begin{pmatrix}0 & b\\ c & 0\end{pmatrix} = \begin{pmatrix}bc & 0\\ 0 & cb\end{pmatrix} = 1$$

所以 $bc=1$,因而 B 的矩阵表示为

$$B = \begin{pmatrix}0 & b\\ b^{-1} & 0\end{pmatrix}$$

同理

$$C = \begin{pmatrix}0 & b^{-1}\\ b & 0\end{pmatrix}$$

7.2 设矩阵 A 和 B 满足 $A^2=0, AA^+ + A^+A=1, B=A^+A$.

(a) 证明 $B^2=B$;

(b) 在 B 表象中写出 A 的矩阵表示(设 B 本征态无简并).

证明

(a) $B^2=A^+AA^+A=A^+A(1-AA^+)=A^+A-A^+A^2A^+=A^+A=B$.

(b) 由 $B^2=B$,即 $B(B-1)=0$,所以 $B=0,1$.根据 B 本征态无简并的假设,B 矩阵表示为

$$B = \begin{pmatrix}0 & 0\\ 0 & 1\end{pmatrix}$$

设

$$A = \begin{pmatrix}a & b\\ c & d\end{pmatrix}$$

则

$$A^+A = \begin{pmatrix}a^* & c^*\\ b^* & d^*\end{pmatrix}\begin{pmatrix}a & b\\ c & d\end{pmatrix} = \begin{pmatrix}|a|^2+|c|^2 & a^*b+c^*d\\ b^*a+d^*c & |b|^2+|d|^2\end{pmatrix} = B = \begin{pmatrix}0 & 0\\ 0 & 1\end{pmatrix} \tag{1}$$

可得 $|a|^2+|c|^2=0$,即 $a=c=0$,所以

$$A = \begin{pmatrix}0 & b\\ 0 & d\end{pmatrix}$$

$$A^2 = \begin{pmatrix}0 & b\\ 0 & d\end{pmatrix}\begin{pmatrix}0 & b\\ 0 & d\end{pmatrix} = \begin{pmatrix}0 & bd\\ 0 & d^2\end{pmatrix} = 0$$

所以 $d^2=0, d=0$,这样

$$A = \begin{pmatrix}0 & b\\ 0 & 0\end{pmatrix}$$

而

$$AA^+ = \begin{pmatrix}0 & b\\ 0 & 0\end{pmatrix}\begin{pmatrix}0 & 0\\ b^* & 0\end{pmatrix} = \begin{pmatrix}|b|^2 & 0\\ 0 & 0\end{pmatrix} \tag{2}$$

按假设条件，(1)+(2)得

$$AA^{+}+A^{+}A=\begin{pmatrix}|b|^2 & 0\\ 0 & 1\end{pmatrix}=\begin{pmatrix}1 & 0\\ 0 & 1\end{pmatrix}$$

所以$|b|^2=1$，即 $b=e^{i\alpha}$(α 为实数)．最后得

$$A=\begin{pmatrix}0 & e^{i\alpha}\\ 0 & 0\end{pmatrix}$$

7.3 设一维粒子 Hamilton 量 $H=p^2/2m+V(x)$，写出 x 表象中x、p 和H 的"矩阵元"．

解

x 表象中的坐标本征态表示为$\psi_{x'}(x)=\delta(x-x')$，由此可得

$$(x)_{x'x''}=\langle x'\mid x\mid x''\rangle=\int\delta(x-x')x\delta(x-x'')\mathrm{d}x=x'\delta(x'-x'')$$

$$\begin{aligned}(p)_{x'x''}&=\langle x'\mid p\mid x''\rangle=\int\delta(x-x')\left(-\mathrm{i}\hbar\frac{\partial}{\partial x}\right)\delta(x-x'')\mathrm{d}x\\&=-\mathrm{i}\hbar\frac{\partial}{\partial x'}\int\delta(x-x')\delta(x-x'')\mathrm{d}x=-\mathrm{i}\hbar\frac{\partial}{\partial x'}\delta(x'-x'')\end{aligned}$$

$$\begin{aligned}(H)_{x'x''}&=\langle x'\mid H\mid x''\rangle=\int\delta(x-x')H\delta(x-x'')\mathrm{d}x\\&=\int\delta(x-x')\left(-\frac{\hbar^2}{2m}\frac{\partial^2}{\partial x^2}+V(x)\right)\delta(x-x'')\mathrm{d}x\\&=-\frac{\hbar^2}{2m}\frac{\partial^2}{\partial x'^2}\delta(x'-x'')+V(x')\delta(x'-x'')\end{aligned}$$

参见《量子力学教程》7.4 节(37)式、(38)式和(41)式．

7.4 同上题，写出 p 表象中的x、p 和H 的"矩阵元"．

解

p 表象中动量本征态表示为

$$\psi_p(x)=\frac{1}{(2\pi\hbar)^{1/2}}e^{\mathrm{i}px/\hbar}$$

所以

$$\begin{aligned}(x)_{p'p''}&=\langle p'\mid x\mid p''\rangle=\frac{1}{2\pi\hbar}\int e^{-\mathrm{i}p'x/\hbar}xe^{\mathrm{i}p''x/\hbar}\mathrm{d}x\\&=\frac{1}{2\pi\hbar}\frac{\partial}{\partial p'}\int\mathrm{i}\hbar e^{\mathrm{i}(p''-p')x/\hbar}\mathrm{d}x=\mathrm{i}\hbar\frac{\partial}{\partial p'}\delta(p''-p')\\&=\mathrm{i}\hbar\frac{\partial}{\partial p'}\delta(p'-p'')\end{aligned}$$

$$(p)_{p'p''}=\langle p'\mid p\mid p''\rangle=\frac{1}{2\pi\hbar}\int e^{-\mathrm{i}p'x/\hbar}\left(-\mathrm{i}\hbar\frac{\partial}{\partial x}\right)e^{\mathrm{i}p''x/\hbar}\mathrm{d}x$$

$$= \frac{1}{2\pi\hbar} p'' \int e^{-i(p'-p'')x/\hbar} dx = p' \delta(p' - p'')$$

$$(H)_{p'p''} = \langle p' | H | p'' \rangle = \frac{1}{2\pi\hbar} \int e^{-ip'x/\hbar} \left[\frac{p^2}{2m} + V(x) \right] e^{ip''x/\hbar} dx$$

$$= \frac{p'^2}{2m} \delta(p' - p'') + V\left(i\hbar \frac{\partial}{\partial p'} \right) \delta(p' - p'')$$

参见《量子力学教程》7.4 节,(40)式、(39)式和(43)式.

7.5 利用 x 表象和 p 表象之间的"幺正变换",从 7.3 题推出 7.4 题的结果.

解

$$(x)_{p'p''} = \langle p' | x | p'' \rangle = \iint dx' dx'' \langle p' | x' \rangle \langle x' | x | x'' \rangle \langle x'' | p'' \rangle$$

$$= \iint dx' dx'' \frac{e^{-ip'x'}}{\sqrt{2\pi\hbar}} x' \delta(x' - x'') \frac{e^{ip''x''}}{\sqrt{2\pi\hbar}}$$

$$= \frac{1}{2\pi\hbar} \int dx' x' e^{-i(p'-p'')x'/\hbar} = i\hbar \frac{\partial}{\partial p'} \frac{1}{2\pi\hbar} \int dx' e^{-i(p'-p'')x'/\hbar}$$

$$= i\hbar \frac{\partial}{\partial p'} \delta(p' - p'')$$

$$(p)_{p'p''} = \langle p' | p | p'' \rangle = \iint dx' dx'' \langle p' | x' \rangle \langle x' | p | x'' \rangle \langle x'' | p'' \rangle$$

$$= \iint dx' dx'' \frac{e^{-ip'x'}}{\sqrt{2\pi\hbar}} \left(-i\hbar \frac{\partial}{\partial x'} \right) \delta(x' - x'') \frac{e^{ip''x''}}{\sqrt{2\pi\hbar}}$$

$$= \iint dx' \frac{e^{-ip'x'}}{\sqrt{2\pi\hbar}} \left(-i\hbar \frac{\partial}{\partial x'} \right) \frac{e^{ip''x'}}{\sqrt{2\pi\hbar}} = \frac{1}{2\pi\hbar} p'' \int e^{i(p''-p')x/\hbar} dx$$

$$= p' \delta(p' - p'')$$

$$(H)_{p'p''} = \langle p' | H | p'' \rangle = \left\langle p' \left| \frac{p^2}{2m} \right| p'' \right\rangle + \langle p' | V(x) | p'' \rangle$$

$$= \frac{p'^2}{2m} \delta(p' - p'') + V\left(i\hbar \frac{\partial}{\partial p'} \right) \delta(p' - p'')$$

7.6 设体系的 Hamilton 量 H 的本征方程为 $H|n\rangle = E_n|n\rangle$,$E_n$ 与 $|n\rangle$ 分别为能量本征值和本征态,n 为一组完备量子数,证明:Hamilton 算符可以表示为

$$H = \sum_n E_n | n \rangle \langle n |$$

证明 利用 $|n\rangle$ 的完备性,$\sum_n | n \rangle \langle n | = 1$,可得

$$H = \sum_n H | n \rangle \langle n | = \sum_n E_n | n \rangle \langle n |$$

7.7 二态体系的 Hamilton 量 $H=H_0+H'$. 设 $H_0|n\rangle=E_n|n\rangle$, $n=1,2$. 在 H_0 表象中

$$H_0=\begin{pmatrix}E_1 & 0\\ 0 & E_2\end{pmatrix},H'=\begin{pmatrix}0 & H'_{12}\\ H'_{21} & 0\end{pmatrix},(H'_{21}=H'^{*}_{12})$$

证明 H 可以表示为

$$H=E_1|1\rangle\langle 1|+E_2|2\rangle\langle 2|+H'_{12}|1\rangle\langle 2|+H'_{21}|2\rangle\langle 1|$$

证明

$$\begin{aligned}H=H_0+H'&=\sum_{n=1,2}H_0|n\rangle\langle n|+\sum_{m,n=1,2}|m\rangle\langle m|H'|n\rangle\langle n|\\&=\sum_{n=1,2}E_n|n\rangle\langle n|+\sum_{m,n=1,2}|m\rangle H'_{mn}\langle n|\\&=\sum_{n=1,2}E_n|n\rangle\langle n|+\sum_{m,n=1,2}H'_{mn}|m\rangle\langle n|\\&=E_1|1\rangle\langle 1|+E_2|2\rangle\langle 2|+H'_{11}|1\rangle\langle 1|+H'_{12}|1\rangle\langle 2|\\&\quad+H'_{21}|2\rangle\langle 1|+H'_{22}|2\rangle\langle 2|\\&=E_1|1\rangle\langle 1|+E_2|2\rangle\langle 2|+H'_{12}|1\rangle\langle 2|+H'_{21}|2\rangle\langle 1|\end{aligned}$$

(利用了 $H'_{11}=H'_{22}=0$)

7.8 设一个二态体系的基态和激发态分别记为 $|g\rangle$ 和 $|e\rangle$, 可以视为一个假想的自旋为 1/2 的粒子的自旋沿 z 轴方向“向上”和“向下”的状态. 证明假想的自旋算符(取 $\hbar=1$)在 s_z 表象中可以表示为

$$s_z=\frac{1}{2}(|g\rangle\langle g|-|e\rangle\langle e|),$$

$$s_x=\frac{1}{2}(|g\rangle\langle e|+|e\rangle\langle g|),s_y=-\frac{i}{2}(|g\rangle\langle e|-|e\rangle\langle g|)$$

参见《量子力学教程》8.1 节,(21)式.

证明

按假设, $s_z|g\rangle=|g\rangle$, $s_z|e\rangle=-|e\rangle$. 基矢的正交完备性表现为

$$\langle g|e\rangle=\langle e|g\rangle=0,\quad |e\rangle\langle e|+|g\rangle\langle g|=1$$

不妨取

$$|g\rangle=\begin{pmatrix}1\\0\end{pmatrix},\quad |e\rangle=\begin{pmatrix}0\\1\end{pmatrix}$$

可以验证,假想的自旋算符的 2 维矩阵表示分别为

$$s_z=\frac{1}{2}\begin{pmatrix}1 & 0\\ 0 & -1\end{pmatrix},\quad s_x=\frac{1}{2}\begin{pmatrix}0 & 1\\ 1 & 0\end{pmatrix},\quad s_y=\frac{1}{2}\begin{pmatrix}0 & -i\\ i & 0\end{pmatrix}$$

与《量子力学教程》8.1 节,(21)式(Pauli 矩阵)比较.

7.9 设 F 为体系的一个可观测量(厄米算符),H 为体系的 Hamilton 量,证明在能量表象中的下列求和规则:

$$\sum_n (E_n - E_k) \mid F_{nk} \mid^2 = \frac{1}{2}\left\langle k \mid [F,[H,F]] \mid k \right\rangle$$

提示 利用 $\sum_n |n\rangle\langle n| = 1$.

详细证明见《量子力学习题精选与剖析》[下],2.4 题.

7.10 同上题,但 F 不一定是厄米算符,证明下列求和规则:

$$\sum_n (E_n - E_k)(|F_{nk}|^2 + |F_{kn}|^2) = \left\langle k \mid [F^+,[H,F]] \mid k \right\rangle$$

提示 利用$[F^+,[H,F]] = F^+HF + FHF^+ - HFF^+ - F^+FH$.

详细证明见《量子力学习题精选与剖析》[下],2.5 题.

第 8 章　自　　旋

8.1　(a) 在 σ_z 表象中，求 σ_x 的本征态；

(b) 求 σ_z 表象→σ_x 表象的变换矩阵；

(c) 验证

$$S\sigma_x S^{-1} = S\begin{pmatrix}0 & 1\\ 1 & 0\end{pmatrix}S^{-1} = \begin{pmatrix}1 & 0\\ 0 & -1\end{pmatrix}$$

注意：$\mathrm{tr}\sigma_x = 0$ 不因表象变换而异.

解

(a) 在 σ_z 表象中，$\sigma_x = \begin{pmatrix}0 & 1\\ 1 & 0\end{pmatrix}$. 设 σ_x 的本征值为 λ，本征方程为

$$\begin{pmatrix}0 & 1\\ 1 & 0\end{pmatrix}\begin{pmatrix}a\\ b\end{pmatrix} = \lambda\begin{pmatrix}a\\ b\end{pmatrix}$$

即 $b = \lambda a$，$a = \lambda b$. 所以

$$b = \lambda a = \lambda^2 b, \lambda^2 = 1, \lambda = \pm 1$$

σ_x 的归一化的本征态为

$$\left|\sigma_x = +1\right\rangle = \frac{1}{\sqrt{2}}\begin{pmatrix}1\\ 1\end{pmatrix}, \lambda = 1$$

$$\left|\sigma_x = -1\right\rangle = \frac{1}{\sqrt{2}}\begin{pmatrix}1\\ -1\end{pmatrix}, \lambda = -1$$

(b) σ_z 表象→σ_x 表象的变换矩阵 S 为

$$\begin{pmatrix}\langle\sigma_z = 1 \mid \sigma_x = 1\rangle & \langle\sigma_z = 1 \mid \sigma_x = -1\rangle\\ \langle\sigma_z = -1 \mid \sigma_x = 1\rangle & \langle\sigma_z = -1 \mid \sigma_x = -1\rangle\end{pmatrix} = \frac{1}{\sqrt{2}}\begin{pmatrix}1 & 1\\ 1 & -1\end{pmatrix} = S^{-1}$$

(c)
$$S\sigma_x S^{-1} = S\begin{pmatrix}0 & 1\\ 1 & 0\end{pmatrix}S^{-1} = \frac{1}{2}\begin{pmatrix}1 & 1\\ 1 & -1\end{pmatrix}\begin{pmatrix}0 & 1\\ 1 & 0\end{pmatrix}\begin{pmatrix}1 & 1\\ 1 & -1\end{pmatrix} = \begin{pmatrix}1 & 0\\ 0 & -1\end{pmatrix}$$

8.2　在 σ_z 表象中，求 $\boldsymbol{\sigma}\cdot\boldsymbol{n}$ 的本征态，$\boldsymbol{n} = (\sin\theta\cos\varphi, \sin\theta\sin\varphi, \cos\theta)$ 是 (θ, φ) 方向的单位矢.

$$\boldsymbol{\sigma}\cdot\boldsymbol{n} = \begin{pmatrix}\cos\theta & \sin\theta \mathrm{e}^{-\mathrm{i}\varphi}\\ \sin\theta \mathrm{e}^{\mathrm{i}\varphi} & -\cos\theta\end{pmatrix}$$

解

设 $\boldsymbol{\sigma}\cdot\boldsymbol{n}$ 的本征态为$\begin{pmatrix}a\\b\end{pmatrix}$,本征方程为

$$\begin{pmatrix}\cos\theta & \sin\theta e^{-i\varphi}\\ \sin\theta e^{i\varphi} & -\cos\theta\end{pmatrix}\begin{pmatrix}a\\b\end{pmatrix}=c\begin{pmatrix}a\\b\end{pmatrix}$$

久期方程为

$$\begin{vmatrix}\cos\theta-c & \sin\theta e^{-i\varphi}\\ \sin\theta e^{i\varphi} & -\cos\theta-c\end{vmatrix}=0$$

可得出 $c^2=1, c=\pm1$. 对于 $c=1$

$$\begin{pmatrix}\cos\theta & \sin\theta e^{-i\varphi}\\ \sin\theta e^{i\varphi} & -\cos\theta\end{pmatrix}\begin{pmatrix}a\\b\end{pmatrix}=\begin{pmatrix}a\\b\end{pmatrix}$$

有

$$\frac{a}{b}=\frac{\sin\theta e^{-i\varphi}}{1-\cos\theta}=\frac{\cos(\theta/2)e^{-i\varphi}}{\sin(\theta/2)}=\frac{\cos(\theta/2)e^{-i\varphi/2}}{\sin(\theta/2)e^{i\varphi/2}}$$

$$\begin{pmatrix}a\\b\end{pmatrix}=\begin{pmatrix}\cos(\theta/2)e^{-i\varphi/2}\\ \sin(\theta/2)e^{i\varphi/2}\end{pmatrix}$$

类似,对于 $c=-1$,可得出

$$\begin{pmatrix}a\\b\end{pmatrix}=\begin{pmatrix}\sin(\theta/2)e^{-i\varphi/2}\\ -\cos(\theta/2)e^{i\varphi/2}\end{pmatrix}$$

8.3 在 s_z 本征态 $\chi_{1/2}(s_z)=\begin{pmatrix}1\\0\end{pmatrix}$下,求$\overline{(\Delta s_x)^2}$,$\overline{(\Delta s_y)^2}$.

解 因为

$$\overline{(\Delta s_x)^2}=\overline{s_x^2}-(\overline{s_x})^2,\qquad \overline{(\Delta s_y)^2}=\overline{s_y^2}-(\overline{s_y})^2$$

而

$$\overline{s_x}=\frac{\hbar}{2}(1\ 0)\begin{pmatrix}0&1\\1&0\end{pmatrix}\begin{pmatrix}1\\0\end{pmatrix}=0,\qquad \overline{s_x^2}=\frac{\hbar^2}{4}(1\ 0)\begin{pmatrix}0&1\\1&0\end{pmatrix}\begin{pmatrix}0&1\\1&0\end{pmatrix}\begin{pmatrix}1\\0\end{pmatrix}=\frac{\hbar^2}{4}$$

所以

$$\overline{(\Delta s_x)^2}=\overline{s_x^2}-(\overline{s_x})^2=\overline{s_x^2}=\frac{\hbar^2}{4}$$

类似有

$$\overline{(\Delta s_y)^2}=\frac{\hbar^2}{4}$$

所以

$$\overline{(\Delta s_x)^2}=\overline{(\Delta s_y)^2}=\hbar^2/4$$

8.4 (a) 在 s_z 本征态 $\chi_{1/2}(s_z)=\begin{pmatrix}1\\0\end{pmatrix}$ 下,求 $\boldsymbol{\sigma}\cdot\boldsymbol{n}$ 的可能测值及相应概率;

(b) 同 8.2 题,若电子处于 $\boldsymbol{\sigma}\cdot\boldsymbol{n}=+1$ 的自旋态下,求 $\boldsymbol{\sigma}$ 的各分量的可能测值和相应的概率以及 $\boldsymbol{\sigma}$ 的平均值.

解

(a) 按 8.2 题,$\boldsymbol{\sigma}\cdot\boldsymbol{n}$ 的本征态为 $\begin{pmatrix}\cos(\theta/2)e^{-i\varphi/2}\\ \sin(\theta/2)e^{i\varphi/2}\end{pmatrix}$, $\begin{pmatrix}\sin(\theta/2)e^{-i\varphi/2}\\ -\cos(\theta/2)e^{i\varphi/2}\end{pmatrix}$

将 s_z 的本征态按 $\boldsymbol{\sigma}\cdot\boldsymbol{n}$ 的本征态展开

$$\begin{pmatrix}1\\0\end{pmatrix}=a\begin{pmatrix}\cos(\theta/2)e^{-i\varphi/2}\\ \sin(\theta/2)e^{i\varphi/2}\end{pmatrix}+b\begin{pmatrix}\sin(\theta/2)e^{-i\varphi/2}\\ -\cos(\theta/2)e^{i\varphi/2}\end{pmatrix}$$

式中

$$a=(1\quad 0)\begin{pmatrix}\cos(\theta/2)e^{-i\varphi/2}\\ \sin(\theta/2)e^{-i\varphi/2}\end{pmatrix}=\cos(\theta/2)e^{-i\varphi/2},$$

$$b=(1\quad 0)\begin{pmatrix}\sin(\theta/2)e^{-i\varphi/2}\\ -\cos(\theta/2)e^{i\varphi/2}\end{pmatrix}=\sin(\theta/2)e^{-i\varphi/2}$$

则 $\boldsymbol{\sigma}\cdot\boldsymbol{n}=1$ 的概率为 $P_1=\cos^2(\theta/2)$,$\boldsymbol{\sigma}\cdot\boldsymbol{n}=-1$ 的概率为 $P_2=\sin^2(\theta/2)$.

(b) 将 $\boldsymbol{\sigma}\cdot\boldsymbol{n}=1$ 的本征态 $\begin{pmatrix}\cos(\theta/2)e^{-i\varphi/2}\\ \sin(\theta/2)e^{i\varphi/2}\end{pmatrix}$,按 σ_z 的本征态展开

$$\begin{pmatrix}\cos(\theta/2)e^{-i\varphi/2}\\ \sin(\theta/2)e^{i\varphi/2}\end{pmatrix}=\cos(\theta/2)e^{-i\varphi/2}\begin{pmatrix}1\\0\end{pmatrix}+\sin(\theta/2)e^{i\varphi/2}\begin{pmatrix}0\\1\end{pmatrix}$$

σ_z 的测值为 1 的概率 $\cos^2(\theta/2)$,σ_z 的测值为 -1 的概率 $\sin^2(\theta/2)$. σ_z 的平均值为

$$1\times\cos^2(\theta/2)+(-1)\times\sin^2(\theta/2)=\cos\theta$$

类似将 $\boldsymbol{\sigma}\cdot\boldsymbol{n}=1$ 的本征态,按 σ_x 的本征态 $\begin{pmatrix}1/\sqrt{2}\\ 1/\sqrt{2}\end{pmatrix}$, $\begin{pmatrix}1/\sqrt{2}\\ -1/\sqrt{2}\end{pmatrix}$ 展开

$$\begin{pmatrix}\cos(\theta/2)e^{-i\varphi/2}\\ \sin(\theta/2)e^{i\varphi/2}\end{pmatrix}=a_x\begin{pmatrix}1/\sqrt{2}\\ 1/\sqrt{2}\end{pmatrix}+b_x\begin{pmatrix}1/\sqrt{2}\\ -1/\sqrt{2}\end{pmatrix}$$

$$a_x=(\cos(\theta/2)e^{-i\varphi/2}\ \ \sin(\theta/2)e^{i\varphi/2})\begin{pmatrix}1/\sqrt{2}\\ 1/\sqrt{2}\end{pmatrix}$$

$$=\frac{1}{\sqrt{2}}[\cos(\theta/2)e^{-i\varphi/2}+\sin(\theta/2)e^{i\varphi/2}]$$

$$b_x=\frac{1}{\sqrt{2}}[\cos(\theta/2)e^{-i\varphi/2}-\sin(\theta/2)e^{i\varphi/2}]$$

所以

σ_x 的测值为 1 的概率为 $|a_x|^2=\frac{1}{2}(1+\sin\theta\cos\varphi)$

σ_x 的测值为 -1 的概率为 $|b_x|^2=\frac{1}{2}(1-\sin\theta\cos\varphi)$

σ_x 的平均值 $=|a_x|^2-|b_x|^2=\sin\theta\cos\varphi$

类似有

σ_y 的测值为 1 的概率为 $\frac{1}{2}(1+\sin\theta\sin\varphi)$

σ_y 的测值为 -1 的概率为 $\frac{1}{2}(1-\sin\theta\sin\varphi)$

σ_y 的平均值 $=\sin\theta\sin\varphi$

8.5 (a) 证明 $e^{i\lambda\sigma_z}=\cos\lambda+i\sigma_z\sin\lambda$（$\lambda$ 为常数）；

(b) 证明 $e^{i\sigma\cdot A}=\cos A+i\boldsymbol{\sigma}\cdot\boldsymbol{n}\sin A$，$\boldsymbol{A}=A\boldsymbol{n}$，$A=|\boldsymbol{A}|$，$\boldsymbol{n}$ 为 $\boldsymbol{A}$ 方向的单位矢量，$\boldsymbol{A}$ 为常矢量；

(c) 证明 $\mathrm{tr}e^{i\boldsymbol{\sigma}\cdot\boldsymbol{A}}=2\cos A$，tr 为求矩阵的对角元之和.

证明见《量子力学习题精选与剖析》[上]，6.22 题与 6.23 题.

8.6 证明 $e^{i\lambda\sigma_z}\sigma_x e^{-i\lambda\sigma_z}=\sigma_x\cos2\lambda-\sigma_y\sin2\lambda$（$\lambda$ 为常数）.

证明见《量子力学习题精选与剖析》[上]，6.24 题.

8.7 电子的磁矩算符可表为 $\boldsymbol{\mu}=-\frac{e}{2mc}(\boldsymbol{l}+2\boldsymbol{s})$. 磁矩的观测值定义为 $\mu=\left\langle ljm_j|\mu_z|ljm_j\right\rangle|_{m_j=j}=\langle ljj|\mu_z|ljj\rangle$，$\left|ljm_j\right\rangle$ 是 $(\boldsymbol{l}^2,\boldsymbol{j}^2,j_z)$ 的共同本征态. 计算 μ.

提示 $\mu_z=-\frac{e}{2mc}(j_z+s_z)$，利用 8.2 节式(24).

计算与分析见《量子力学习题精选与剖析》[上]，6.36 题.

答案 $\mu=-gj$，$g=1+\frac{j(j+1)-l(l+1)+3/4}{2j(j+1)}$ 称为 Landè g 因子（单位 $e\hbar/2mc$），即

$$\mu=\begin{cases}-(j+1/2), & j=l+1/2\\ -j(2j+1)/(2j+2), & j=l-1/2(l\neq0)\end{cases}$$

8.8 由两个非全同粒子（自旋均为 $\hbar/2$）组成的体系，设粒子间的相互作用为 $H=As_1\cdot s_2$（不考虑轨道运动）. 设初始时刻（$t=0$）粒子 1 自旋"向上"（$s_{1z}=1/2$），粒子 2 自旋"向下"（$s_{2z}=-1/2$）. 求时刻 $t(>0)$ 时，(a)粒子 1 自旋向上的概率；(b)粒子 1 和 2 自旋均向上的概率；(c) 总自旋 $S=0$ 和 1 的概率；(d) 求 $\boldsymbol{s}_1$ 和 $\boldsymbol{s}_2$

的平均值.

解答与分析见《量子力学习题精选与剖析》[上],6.47 题.

答案 $\langle s_{1x}\rangle=\langle s_{1y}\rangle=\langle s_{2x}\rangle=\langle s_{2y}\rangle=0,\langle s_{1z}\rangle=\frac{1}{2}\cos(At),\langle s_{2z}\rangle=-\frac{1}{2}\cos(At)$

8.9 设有一个定域电子,受到沿 x 方向均匀磁场 B 的作用,Hamilton 量(不考虑轨道运动)为 $H=\frac{eB}{mc}s_x=\frac{eB\hbar}{2mc}\sigma_x$. 设 $t=0$ 时电子自旋"向上"($s_z=\hbar/2$),求 $t>0$ 时 $\boldsymbol{s}$ 的平均值.

解答与分析见《量子力学习题精选与剖析》[上],6.27 题.

答案 $\langle s_x\rangle=0,\langle s_y\rangle=-\frac{\hbar}{2}\sin2\omega t,\langle s_z\rangle=\frac{\hbar}{2}\cos2\omega t,\omega=eB/2mc$.

8.10 设两个电子处于自旋单态 χ_{00},求$(\boldsymbol{\sigma}_1\cdot\boldsymbol{n}_1)(\boldsymbol{\sigma}_2\cdot\boldsymbol{n}_2)$的平均值,$\boldsymbol{n}_1$ 与 $\boldsymbol{n}_2$ 是空间任意两个方向的单位矢量.

提示 利用$(\boldsymbol{\sigma}_1\cdot\boldsymbol{\sigma}_2)\chi_{00}=0$

答案 $\overline{(\boldsymbol{\sigma}_1\cdot\boldsymbol{n}_1)(\boldsymbol{\sigma}_2\cdot\boldsymbol{n}_2)}=-\boldsymbol{n}_1\cdot\boldsymbol{n}_2$

解答与分析见《量子力学习题精选与剖析》[上],6.50 题.

8.11 两个全同粒子处于一维谐振子 $V(x)=\frac{1}{2}m\omega^2x^2$ 中,分别下列几种情况,求此二粒子体系的最低三条能级及本征函数.

(a) 单粒子自旋为 0;

(b) 单粒子自旋为 1/2;

(c) 如果两个粒子之间还有相互作用 $-\gamma\delta(x_1-x_2)$,(γ 为正实数),讨论上述(a)和(b)两种情况下能级发生的变动,画出能级图.

解

(a)单粒子自旋为 0 情况. 波函数只含二粒子的空间坐标 x_1 和 x_2,但要求对 $x_1\leftrightarrow x_2$ 变换对称. 设两粒子分别处于谐振子的 E_n 和 $E_{n'}$ 能级($n,n'=0,1,2,\cdots$),二粒子能量为$(n+n'+1)\hbar\omega$. 由此可知二粒子体系的最低 3 条能级的能级填布情况和对称波函数分别如下:

二粒子填布情况	能量	二粒子波函数(交换对称)
基态 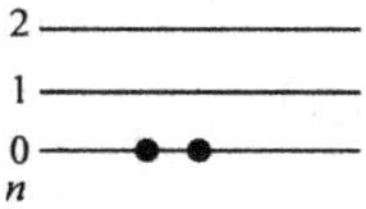	$2E_0=\hbar\omega$	$\psi_0(x_1)\psi_0(x_2)=\frac{\alpha}{\sqrt{\pi}}e^{-\alpha^2(x_1^2+x_2^2)/2}$

第一激发态　　$E_0+E_1=2\hbar\omega$　　$\frac{1}{\sqrt{2}}[\psi_0(x_1)\psi_1(x_2)+\psi_1(x_1)\psi_0(x_2)]$

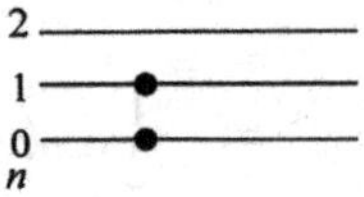

$$=\frac{\alpha}{\sqrt{\pi}}(x_1+x_2)\mathrm{e}^{-\alpha^2(x_1^2+x_2^2)/2}$$

第二激发态　　$E_0+E_2=3\hbar\omega$　　$\frac{1}{\sqrt{2}}[\psi_0(x_1)\psi_2(x_2)+\psi_2(x_1)\psi_0(x_2)]$

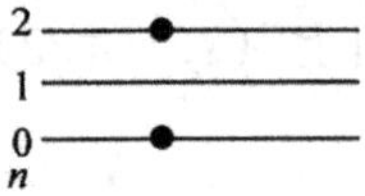

$$=\frac{\alpha}{\sqrt{\pi}}[\alpha^2(x_1^2+x_2^2)-1]\mathrm{e}^{-\alpha^2(x_1^2+x_2^2)/2}$$

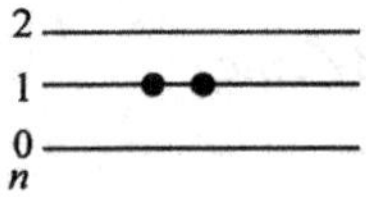

$2E_1=3\hbar\omega$　　$\psi_1(x_1)\psi_1(x_2)=\frac{2\alpha}{\sqrt{\pi}}\alpha^2x_1x_2\mathrm{e}^{-\alpha^2(x_1^2+x_2^2)/2}$

(b) 单粒子自旋为 1/2 情况. 波函数可写成空间波函数与自旋波函数之积. 二粒子自旋波函数可以表示为,

自旋单态　$\chi_{00}(s_{1z},s_{2z})=\frac{1}{\sqrt{2}}[|\uparrow\rangle_1|\downarrow\rangle_2-|\downarrow\rangle_1|\uparrow\rangle_2]$(自旋交换反对称)

自旋三重态　$\chi_{1M}(s_{1z},s_{2z}),\chi_{10}=\frac{1}{\sqrt{2}}[|\uparrow\rangle_1|\downarrow\rangle_2+|\downarrow\rangle_1|\uparrow\rangle_2]$,

$\chi_{11}=|\uparrow\rangle_1|\uparrow\rangle_2,\chi_{1-1}=|\downarrow\rangle_1|\downarrow\rangle_2$.(自旋交换对称)

二粒子填布情况　能量　　　　二粒子反对称波函数

基态

$\hbar\omega$　　$\psi_0(x_1)\psi_0(x_2)\chi_{00}(s_{1z},s_{2z})$

第一激发态　　$2\hbar\omega$

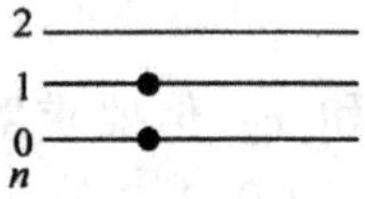

$$\frac{1}{\sqrt{2}}[\psi_0(x_1)\psi_1(x_2)+\psi_1(x_1)\psi_0(x_2)]\chi_{00}(s_{1z},s_{2z})$$

$$\frac{1}{\sqrt{2}}[\psi_0(x_1)\psi_1(x_2)-\psi_1(x_1)\psi_0(x_2)]\chi_{1M}(s_{1z},s_{2z})$$

第二激发态　　$3\hbar\omega$

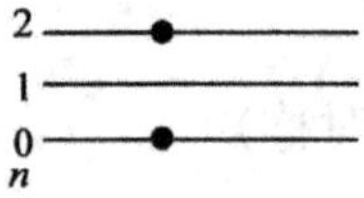

$$\frac{1}{\sqrt{2}}[\psi_0(x_1)\psi_2(x_2)+\psi_2(x_1)\psi_0(x_2)]\chi_{00}(s_{1z},s_{2z})$$

$$\frac{1}{\sqrt{2}}[\psi_0(x_1)\psi_1(x_2)-\psi_1(x_1)\psi_0(x_2)]\chi_{1M}(s_{1z},s_{2z})$$

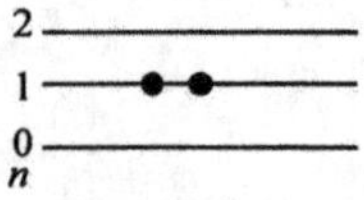

$3\hbar\omega$　　$\psi_1(x_1)\psi_1(x_2)\chi_{00}(s_{1z},s_{2z})$

(c) 对于 δ 力，$-\gamma\delta(x_1-x_2)$，只当 $x_1=x_2$ 才有贡献. 对于空间反对称波函数，$\psi(x_1-x_2)=-\psi(x_1-x_2)$，所以 $\psi(x_1-x_2=0)=-\psi(x_1-x_2=0)=0$，δ 力无贡献. δ 力只对空间波函数对称的态才有贡献，即只对自旋单态 $\chi_{00}(s_{1z},s_{2z})$ 有贡献，吸引的 δ 力将使之下降.

8.12 考虑 3 个自旋为 1/2 的非全同粒子组成的体系，Hamilton 量为

$$H = A\boldsymbol{s}_1\cdot\boldsymbol{s}_2 + B(\boldsymbol{s}_1+\boldsymbol{s}_2)\cdot\boldsymbol{s}_3$$

A 与 B 为实常数，找出体系的守恒量，求出体系的能级和简并度.

分析与解答见《量子力学习题精选与剖析》[上]，6.48 题.

答案 守恒量有 $\boldsymbol{S}_{12}$ 和 $\boldsymbol{S}_{123}$，这里 $\boldsymbol{S}_{12}=\boldsymbol{s}_1+\boldsymbol{s}_2$，$\boldsymbol{S}_{123}=\boldsymbol{s}_1+\boldsymbol{s}_2+\boldsymbol{s}_3$

能级有三条，能量分别为 $\dfrac{A}{4}+\dfrac{B}{2}$， $\dfrac{A}{4}-B$， $-\dfrac{3}{4}A$

简并度为 4， 2， 2

第 9 章　力学量本征值问题的代数解法

9.1　谐振子的湮没算符(自然单位)$a=(x+\mathrm{i}p)/\sqrt{2}$的本征方程表示为$a|\alpha\rangle=\alpha|\alpha\rangle$,$|\alpha\rangle$可以表示为谐振子能量本征态的相干叠加,$|\alpha\rangle=\sum_n C_n|n\rangle$.利用9.1节,(22)式,证明归一化的本征态$|\alpha\rangle$可以表示为

$$|\alpha\rangle=\mathrm{e}^{-\frac{1}{2}|\alpha|^2}\sum_{n=0}^{\infty}\frac{\alpha^n}{\sqrt{n!}}|n\rangle$$

提示　$|\alpha\rangle$称为谐振子的相干态(coherent state).

详细说明见《量子力学习题精选与剖析》[下],4.1题.

9.2　证明:(a)谐振子相干态可以表示为$|\alpha\rangle=\mathrm{e}^{\alpha a^+-\alpha^* a}|0\rangle$,$|0\rangle$是谐振子基态;提示利用$[a,a^+]=1$,证明$[a,\mathrm{e}^{\alpha a^+-\alpha^* a}]=\alpha\mathrm{e}^{\alpha a^+-\alpha^* a}$.

(b) α 为实数情况.利用$a^+-a=-\sqrt{2}\dfrac{\partial}{\partial x}$,$\psi_\alpha(x)=\langle x|\alpha\rangle=\psi_0(x-x_0)$,$x_0=\sqrt{2}\alpha$是相干态$|\alpha\rangle$在 x 表象中的表示式,$\psi_\alpha(x)$的波形与谐振子基态 $\psi_0(x)$相同,但有一个往 x 方向的平移,波峰从 $x=0$ 点挪到了 x_0 点.

详细证明见《量子力学习题精选与剖析》[下],4.3题.

9.3　荷电 q 的谐振子受到沿x 方向均匀外电场 $\mathscr{E}$ 的作用

$$H=\frac{1}{2m}p^2+\frac{1}{2}m\omega^2x^2-q\mathscr{E}x=H_0-q\mathscr{E}x$$

证明:

(a) H 的本征态为$\psi_n(x)=\psi_n(x-x_0)=\mathrm{e}^{-\mathrm{i}x_0p/\hbar}\psi_n(x)$,$x_0=q\mathscr{E}/m\omega^2$,本征值为

$$\left(n+\frac{1}{2}\right)\hbar\omega-\frac{1}{2}m\omega^2x_0^2=\left(n+\frac{1}{2}\right)\hbar\omega-q^2\mathscr{E}^2/2m\omega^2$$

(b) H 可以表示为$H=\left(b^+b+\dfrac{1}{2}\right)\hbar\omega$,式中 $b=a-a_0$,$b^+=a^+-a_0$,$a_0=x\sqrt{m\omega/2\hbar}$(无量纲).

提示　对 H 中x^2 项和 x 项配平方,$\dfrac{1}{2}m\omega^2x^2-q\mathscr{E}x=\dfrac{1}{2}m\omega^2(x-x_0)^2-$

$q^2\mathscr{E}^2/2m\omega^2, x_0 = q\mathscr{E}/m\omega^2$.

详细分析和解答见《量子力学》卷Ⅰ,502～503 页.

9.4 在($\boldsymbol{l}^2, l_z$)表象(以$|lm\rangle$为基矢)中,$l=1$ 的子空间的维数为 3.求 l_x 在此三维空间中的矩阵表示.再利用矩阵方法求出 l_x 的本征值和本征态.

提示 利用 9.2 节,(26)式,求 l_x 的矩阵表示,参见 3.16 题的解答.

解答见《量子力学习题精选与剖析》[上],6.5 题.

答案 l_x 本征值为 0,+1,−1,相应的本征态为

$$\frac{1}{\sqrt{2}}\begin{pmatrix}1\\0\\-1\end{pmatrix},\frac{1}{2}\begin{pmatrix}1\\\sqrt{2}\\1\end{pmatrix},\frac{1}{2}\begin{pmatrix}1\\-\sqrt{2}\\1\end{pmatrix}$$

9.5 设两个全同粒子角动量 $j_1=j_2=j$,耦合成总角动量 J,

$$\psi_{j^2JM}(1,2) = \sum_{m_1m_2}(jm_1jm_2 \mid JM)\psi_{jm_1}(1)\psi_{jm_2}(2)$$

利用 CG 系数的对称性式 9.3 节,(22)式,证明

$$P_{12}\psi_{j^2JM} = (-1)^{2j-J}\psi_{j^2JM}$$

由此证明,无论是 Bose 子或 Fermi 子,J 都必须取偶数.

详细分析与证明见《量子力学习题精选与剖析》[下],7.3 题,或见《量子力学》,卷Ⅰ,487～489 页,例 1.

9.6 设原子中有两个价电子,处于 E_{nl}能级上.按 LS 耦合方案,$\boldsymbol{l}_1+\boldsymbol{l}_2=\boldsymbol{L}$,$\boldsymbol{s}_1+\boldsymbol{s}_2=\boldsymbol{S}$,$\boldsymbol{L}+\boldsymbol{S}=\boldsymbol{J}$(总角动量).证明:

(a) $L+S$ 必为偶数;

(b) $J=L+S,\cdots,|L-S|$.当 $S=0$ 时,$J=L$(偶);而 $S=1$ 时,$J=L+1,L,L-1$,J 可以为奇,也可以为偶.

详细分析与证明见《量子力学习题精选与剖析》[下],7.4 题,或见《量子力学》,卷Ⅰ,491～492 页,例 2.

9.7 大小相等的两个角动量耦合成角动量为零的态 ψ_{jj00},证明 $j_{1z}=-j_{2z}=j,j-1,\cdots,-j$ 的概率都相等,即 $1/(2j+1)$.

提示 利用$\langle jmj-m|00\rangle=(-1)^{j-m}/\sqrt{2j+1}$.

详细分析与证明见《量子力学习题精选与剖析》[上],6.15 题.

9.8 设 $\boldsymbol{j}_1+\boldsymbol{j}_2=\boldsymbol{j}$,在$|j_1j_2jm\rangle$态下,证明

$$\langle j_{1x}\rangle = \langle j_{1y}\rangle = \langle j_{2x}\rangle = \langle j_{2y}\rangle = 0$$

$$\langle j_{1z} \rangle = m \frac{j(j+1) + j_1(j_1+1) - j_2(j_2+1)}{2j(j+1)}$$

$$\langle j_{2z} \rangle = m \frac{j(j+1) + j_2(j_2+1) - j_1(j_1+1)}{2j(j+1)} = m - \langle j_{1z} \rangle$$

详细分析与证明见《量子力学习题精选与剖析》[下],6.19 题.

第 10 章　微　扰　论

10.1　设非简谐振子的 Hamilton 量表示为 $H = H_0 + H'$,

$$H_0 = -\frac{\hbar^2}{2\mu}\frac{\mathrm{d}^2}{\mathrm{d}x^2} + \frac{1}{2}\mu\omega^2 x^2$$

$$H' = \beta x^3 (\beta \text{ 为实数})$$

用微扰论求其能量本征值(准到二级近似)和本征函数(准到一级近似).

解

$$H_0 = -\frac{\hbar^2}{2\mu}\frac{\mathrm{d}^2}{\mathrm{d}x^2} + \frac{1}{2}\mu\omega^2 x^2 \tag{1}$$

能量的本征值和归一化本征态(无简并)为

$$E_n^{(0)} = \left(n + \frac{1}{2}\right)\hbar\omega \tag{2}$$

$$\psi_n^{(0)}(x) = \left[\frac{\alpha}{2^n\sqrt{\pi}n!}\right]^{\frac{1}{2}} \mathrm{e}^{-\frac{1}{2}\alpha^2 x^2}\mathrm{H}_n(\alpha x) \tag{3}$$

$$\alpha = \sqrt{\frac{\mu\omega}{\hbar}},\ n = 0,1,2,\cdots$$

利用 Hermite 多项式 $\mathrm{H}_n(\xi)$ 的递推关系

$$\mathrm{H}_{n+1}(\xi) - 2\xi\mathrm{H}_n(\xi) + 2n\mathrm{H}_{n-1}(\xi) = 0$$

得

$$x\psi_n^{(0)}(x) = \frac{1}{\alpha}\left[\sqrt{\frac{n}{2}}\psi_{n-1}^{(0)}(x) + \sqrt{\frac{n+1}{2}}\psi_{n+1}^{(0)}(x)\right] \tag{4}$$

$$x^2\psi_n^{(0)}(x) = \frac{1}{2\alpha^2}\left[\sqrt{n(n-1)}\psi_{n-2}^{(0)}(x) + (2n+1)\psi_n^{(0)}(x) + \sqrt{(n+1)(n+2)}\psi_{n+2}^{(0)}(x)\right] \tag{5}$$

$$x^3\psi_n^{(0)}(x) = \frac{1}{2\sqrt{2}\alpha^3}\left[\sqrt{n(n-1)(n-2)}\psi_{n-3}^{(0)} + 3n\sqrt{n}\psi_{n-1}^{(0)} + 3(n+1)\sqrt{n+1}\psi_{n+1}^{(0)} + \sqrt{(n+1)(n+2)(n+3)}\psi_{n+3}^{(0)}\right] \tag{6}$$

对于非简并态的微扰论,能量的一级修正为 0,因为

$$E^{(1)} = \langle\psi_n^{(0)}|H'|\psi_n^{(0)}\rangle = \beta\langle\psi_n^{(0)}|x^3|\psi_n^{(0)}\rangle = 0 \tag{7}$$

能量的二级修正值为

$$E_n^{(2)} = \sum_m{}' \frac{|H'_{nm}|^2}{E_n^{(0)} - E_m^{(0)}} \tag{8}$$

由式(6)可知,只当 m 取$(n-3)$,$(n-1)$,$(n+1)$,$(n+3)$四个值时才有贡献,即

$$|H'_{n-3,n}|^2 = \frac{n(n-1)(n-2)\beta^2}{8a^6}, \quad |H'_{n+1,n}|^2 = \frac{(n+1)^3\beta^2}{8a^6}$$

$$|H'_{n-1,n}|^2 = \frac{9n^3\beta^2}{8a^6}, \quad |H'_{n+3,n}|^2 = \frac{(n+1)(n+2)(n+3)\beta^2}{8a^6}$$

由此可得

$$E_n^{(2)} = -\frac{15\beta^2}{4\hbar\omega}\left(\frac{\hbar}{\mu\omega}\right)^3\left(n^2 + n + \frac{11}{30}\right) \tag{9}$$

在准确到二级近似下体系能量值为

$$E_n \approx E_n^{(0)} + E_n^{(1)} + E_n^{(2)} = \left(n + \frac{1}{2}\right)\hbar\omega - \frac{15\beta^2\hbar^2}{4\mu^3\omega^4}\left(n^2 + n + \frac{11}{30}\right)$$

在准确到一级近似下,能量本征函数为

$$\begin{aligned}
\psi_n^{(1)} &= \sum_m{}' \frac{H'_{nm}}{E_n^{(0)} - E_m^{(0)}}\psi_m^{(0)} \\
&= \frac{H'_{n,n-3}}{E_n^{(0)} - E_{n-3}^{(0)}}\psi_{n-3}^{(0)} + \frac{H'_{n,n-1}}{E_n^{(0)} - E_{n-1}^{(0)}}\psi_{n-1}^{(0)} + \frac{H'_{n,n+1}}{E_n^{(0)} - E_{n+1}^{(0)}}\psi_{n+1}^{(0)} + \frac{H'_{n,n+3}}{E_n^{(0)} - E_{n+3}^{(0)}}\psi_{n+3}^{(0)} \\
&= \frac{\hbar^{\frac{1}{2}}\beta}{2^{\frac{3}{2}}\mu^{\frac{3}{2}}\omega^{\frac{5}{2}}}\left\{\frac{1}{3}\sqrt{n(n-1)(n-2)}\,\psi_{n-3}^{(0)} + 3n\sqrt{n}\psi_{n-1}^{(0)}\right. \\
&\quad \left. - 3(n+1)^{\frac{3}{2}}\psi_{n+1}^{(0)} - \frac{1}{3}\sqrt{(n+1)(n+2)(n+3)}\,\psi_{n+3}^{(0)}\right\}
\end{aligned}$$

10.2 考虑耦合谐振子,$H = H_0 + H'$,

$$H_0 = -\frac{\hbar^2}{2\mu}\left(\frac{\partial^2}{\partial x_1^2} + \frac{\partial^2}{\partial x_2^2}\right) + \frac{1}{2}\mu\omega^2(x_1^2 + x_2^2)$$

$$H' = -\lambda x_1 x_2 \quad (\lambda \text{ 为实常数,刻画耦合强度}).$$

(a) 求出 H_0 的本征值及能级简并度;

(b) 以第一激发态为例,用简并微扰论计算 H' 对能级的影响(一级近似);

(c) 严格求解 H 的本征值,并与微扰论计算结果比较,进行讨论.

提示 作坐标变换,令 $x_1 = \frac{1}{\sqrt{2}}(\xi + \eta)$,$x_2 = \frac{1}{\sqrt{2}}(\xi - \eta)$,$\xi$、$\eta$ 称为简正坐标,则 H 可化为两个独立的谐振子.

详细分析和解答见《量子力学》卷Ⅰ,518~521 页.

答案 (a) H_0 的本征值 $E_N=(N+1)\hbar\omega$, $N=n_1+n_2$, $n_1,n_2,N=0,1,2,\cdots$

简并度 $f_N=(N+1)$

(c) $E_{n_1n_2}=\left(n_1+\dfrac{1}{2}\right)\hbar\omega_1+\left(n_2+\dfrac{1}{2}\right)\hbar\omega_2$, $n_1,n_2=0,1,2,\cdots$

$$\omega_1=\omega_0(1-\lambda/\mu\omega_0^2)^{1/2},\quad \omega_2=\omega_0(1+\lambda/\mu\omega_0^2)^{1/2}$$

10.3 一维无限深势阱($0<x<a$)中的粒子,受到微扰 H' 作用

$$H'(x)=\begin{cases}2\lambda x/a, & 0<x<a/2,\\ 2\lambda(1-x/a), & a/2<x<a.\end{cases}$$

求基态能量的一级修正.

解

一维无限深势阱中,粒子的能量本征值为

$$E_n^{(0)}=\frac{n^2\pi^2\hbar^2}{2ma^2},\qquad n=1,2,3,\cdots$$

相应的能量本征函数(不简并)为

$$\psi_n^{(0)}(x)=\begin{cases}\sqrt{\dfrac{2}{a}}\sin\dfrac{n\pi x}{a} & (0<x<a)\\ 0 & (x<0,x>a)\end{cases}$$

按照非简并态微扰论,能量的一级修正值为

$$\begin{aligned}E_n^{(1)}&=\int_{-\infty}^{+\infty}\psi_n^{(0)}(x)^*H'\psi_n^{(0)}(x)\mathrm{d}x=\int_0^a\psi_n^{(0)}(x)^*H'\psi_n^{(0)}(x)\mathrm{d}x\\&=\int_0^{a/2}\left[\sqrt{\frac{2}{a}}\sin\frac{n\pi x}{a}\right]\frac{2\lambda x}{a}\left[\sqrt{\frac{2}{a}}\sin\frac{n\pi x}{a}\right]\mathrm{d}x\\&\quad+\int_{a/2}^a\left[\sqrt{\frac{2}{a}}\sin\frac{n\pi x}{a}\right]2\lambda\left(1-\frac{x}{a}\right)\sqrt{\frac{2}{a}}\sin\frac{n\pi x}{a}\mathrm{d}x\\&=\lambda\left[\frac{1}{2}+\frac{1-(-1)^n}{n^2\pi^2}\right]\end{aligned}$$

所以基态($n=1$)能量的一级修正为

$$E_1^{(1)}=\left[\frac{1}{2}+\frac{2}{\pi^2}\right]\lambda$$

10.4 实际原子核不是一个点电荷,它具有一定大小,可近似视为半径为 R 的均匀分布球体,它产生的静电势为

$$\phi(r)=\begin{cases}\dfrac{Ze}{R}\left(\dfrac{3}{2}-\dfrac{1}{2}\dfrac{r^2}{R^2}\right), & r<R\\ Ze/r, & r>R\end{cases}$$

Ze 为核电荷. 试把非点电荷效应看成微扰,

$$H' = \begin{cases} -\dfrac{Ze^2}{R}\left(\dfrac{3}{2} - \dfrac{1}{2}\dfrac{r^2}{R^2}\right) + \dfrac{Ze^2}{r}, & r < R \\ 0, & r > R \end{cases}$$

计算原子的 1s 能级的一级微扰修正.

解答见《量子力学习题精选与剖析》[上],8.16 题.

答案 $\dfrac{2}{5}\dfrac{Z^4e^2R^2}{a^3}$, a 为 Bohr 半径.

10.5 设氢原子处于 $n=3$ 能级. 求它的 Stark 分裂.

解答见《量子力学习题精选与剖析》[上],8.23 题.

10.6 用 Born 近似法计算如下势散射的微分截面:

(a) $V(r)=\begin{cases} -V_0, & r<a, \\ 0, & r>a; \end{cases}$

(b) $V(r)=V_0 e^{-\alpha r^2}$;

(c) $V(r)=\kappa e^{-\alpha r}/r$;

(d) $V(r)=\gamma\delta(r)$.

解

在 Born 一级近似下,散射振幅为

$$f(\theta) = -\frac{\mu}{2\pi\hbar^2}\int e^{-i\boldsymbol{q}\cdot\boldsymbol{r}}V(\boldsymbol{r}')d^3r', \quad q = 2k\sin\frac{\theta}{2}$$

散射截面为

$$\sigma(\theta) = |f(\theta)|^2$$

对中心力场,因 $V(r)$ 与 θ,φ 无关,$f(\theta)$ 可化简为

$$f(\theta) = -\frac{2\mu}{\hbar^2 q}\int_0^\infty r'V(r')\sin qr'dr'$$

(a) 对于球方势阱

$$f(\theta) = \frac{2\mu}{\hbar^2 q}\int_0^a r'V_0\sin qr'dr' = \frac{2\mu V_0}{\hbar^2 q^3}(\sin qa - qa\cos qa)$$

$$\sigma(\theta) = \frac{4\mu^2V_0^2}{\hbar^4 q^6}(\sin qa - qa\cos qa)^2$$

(b) $$f(\theta) = -\frac{2\mu}{\hbar^2 q}V_0\int_0^\infty r'\sin qr' e^{-\alpha r'^2}dr' = -\sqrt{\frac{\pi}{\alpha}}\frac{\mu}{2\alpha\hbar^2}V_0 e^{-q^2/4\alpha}$$

$$\sigma(\theta) = \frac{\pi\mu^2}{4\alpha^3\hbar^4}V_0^2 e^{-q^2/2\alpha}$$

积分时利用了公式

$$\int_0^{\infty} e^{-\alpha^2 x^2}\cos(bx)dx = \frac{\sqrt{\pi}e^{-b^2/4\alpha^2}}{2\alpha},\ \alpha > 0$$

(c)
$$f(\theta) = -\frac{2\mu}{\hbar^2 q}\kappa\int_0^{\infty}\sin qr' e^{-\alpha r'}dr' = -\frac{2\mu}{\hbar^2}\kappa\frac{1}{\alpha^2+q^2}$$

$$\sigma(\theta) = \frac{4\mu^2\kappa^2}{\hbar^4}\frac{1}{(\alpha^2+q^2)^2}$$

积分时利用了公式

$$\int_0^{\infty} e^{-\alpha x}\sin(bx)dx = \frac{b}{\alpha^2+b^2},\ \alpha > 0$$

(d)
$$f(\theta) = -\frac{2\mu}{\hbar^2 q}\int_0^{\infty} r'\gamma\delta(r')\sin qr' dr' = -\frac{\mu\gamma}{2\pi\hbar^2}$$

$$\sigma(\theta) = \frac{\mu^2\gamma^2}{4\pi^2\hbar^4},\qquad (各向同性)$$

10.7 核子(自旋为1/2)在各向同性谐振子势 $V(r)=\frac{1}{2}M\omega^2 r^2$ 中,能级

$$E_N = (N+3/2),\ N = 2n_r + l,\ l, n_r, N = 0,1,2,\cdots$$

(a) 讨论 $N=2$ 能级的简并度,求轨道角动量 l 和总角动量 j 的可能取值;

(b) 如势场中还出现一项 $-Dl^2$,$(D>0)$,$N=2$ 能级将如何分裂?画出能级分裂图;与无限深球方势阱中相应能级比较,并从物理上说明;

(c) 再考虑核子受到如下自旋轨道耦合 $-C\boldsymbol{s}\cdot\boldsymbol{l}$,$(C>0)$. $N=2$ 能级又将如何分裂?画出能级分裂图,给出各能级的简并度.

解

(a) $N=2$ 时,计及核子的自旋自由度后,能级的简并度为 12. l 的可能取值为 0 和 2. 总角动量 j 的可能取值为 1/2,3/2,5/2.

(b) 若势场中出现 $-Dl^2$,则 $N=2$ 的能级分裂成两条.

即 $E(1s)=E_2=\frac{7}{2}\hbar\omega$,(保持不移动),简并度为 2,

$E(0d)=E_2-6D\hbar^2$,(下降 $-6D\hbar^2$),简并度为 10.

(见下页图). 可以看出,此时能级分布(能谱型)与无限深球方势阱中粒子的能级分布(见《量子力学教程》,5.2 节,101 页,图 5.1)很相似. 这种相似性,在物理上反映了角动量不同的径向波函数的分布不同以及无限深球方势阱的特性.(请读者自己进一步分析.)

(c) 进一步考虑自旋轨道耦合作用 $-C\boldsymbol{s}\cdot\boldsymbol{l}$ 后,1s 能级($l=0$)不受影响,而 0d 能级($l=2$)将分裂成两条,即 $0d_{3/2}$,$0d_{5/2}$. 而 $-C\boldsymbol{s}\cdot\boldsymbol{l}$ 的平均值分别为(参见《量子力学教程》,8.2 节,153 页,练习 1,(23)式)

$$-C\overline{\boldsymbol{s}\cdot\boldsymbol{l}}(0\mathrm{d}_{5/2}) = -C\hbar^2$$

$$-C\overline{\boldsymbol{s}\cdot\boldsymbol{l}}(0\mathrm{d}_{3/2}) = +\frac{3}{2}C\hbar^2$$

能级简并度为 6 和 4(见下图).

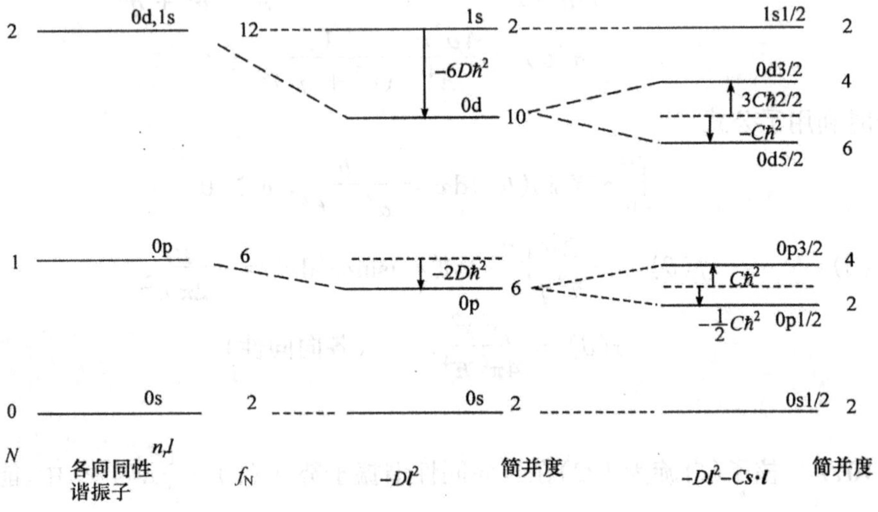

10.8 xy 平面中的转子的 Hamilton 量为 $H=\frac{L_z^2}{2I}=-\frac{\hbar^2}{2I}\frac{\partial^2}{\partial\varphi^2}$, I 为转动惯量.

(a) 求转子的能级和能量本征函数(见《量子力学教程》,3.2 节,例 2);

(b) 设转子具有电耦极矩 $\boldsymbol{D}$,受到弱电场(xy 平面内)$\mathscr{E}$ 的作用,$H' = -\boldsymbol{D}\cdot\mathscr{E} = -D\mathscr{E}\cos\varphi$,利用一级微扰论计算转子能级和波函数;

(c) 如外加电场极强,转子将不能自由转动,只能局限在一个很窄的角度($\varphi\sim 0$)附近小振动,$H' = -D\mathscr{E}\cos\varphi \simeq -D\mathscr{E}(1-\varphi^2/2)$. 求振动能级和本征函数.

解

(a) 转子能量本征方程为

$$-\frac{\hbar}{2I}\frac{\mathrm{d}^2}{\mathrm{d}\varphi^2}\psi = E\psi \tag{1}$$

本征函数可以表示为

$$\psi_m^{(0)}(\varphi) = \frac{1}{\sqrt{2\pi}}\mathrm{e}^{\mathrm{i}m\varphi}, \qquad m = 0, \pm 1, \pm 2, \cdots \tag{2}$$

相应能量本征值为

$$E_m^{(0)} = \frac{m^2\hbar^2}{2I} \tag{3}$$

除 $m=0$ 外,各能级为二重简并.

(b) 转子与外电场相互作用 $H' = -D\mathscr{E}\cos\varphi$ 视为微扰. 按微扰论一级近似,并利用

$$(\psi_{m'}, \cos\varphi\psi_m) = \frac{1}{2}(\delta_{m',m+1} + \delta_{m',m-1}) \tag{4}$$

可以求出波函数一级修正为

$$\psi_m^{(1)}(\varphi) = \frac{D\mathscr{E}I}{\hbar^2}\left(\frac{1}{2m+1}\psi_{m+1}(\varphi) - \frac{1}{2m-1}\psi_{m-1}(\varphi)\right) \tag{5}$$

考虑到 H' 的选择定则, $\Delta m = m' - m = \pm 1$, 除 $m = \pm 1$ 外, 在微扰二级近似下, 不可能发生 $\psi_m^{(0)}$ 和 $\psi_{-m}^{(0)}$ 的耦合(因为对于 $m \neq \pm 1$, $H'_{m,-m} = 0$, $H'_{m,k}H'_{k,-m} = 0$). 因此仍可按照非简并态微扰论计算. 计算结果为

$$\begin{aligned} E_m &= E_m^{(0)} + E_m^{(2)} \\ &= \frac{m^2\hbar^2}{2I} + \frac{1}{4}D^2\mathscr{E}^2\left[\frac{1}{E_m^{(0)} - E_{m-1}^{(0)}} + \frac{1}{E_m^{(0)} - E_{m+1}^{(0)}}\right] \end{aligned} \tag{6}$$

(c) 对于强电场 ε,

$$H = -\frac{\hbar^2}{2I}\frac{\mathrm{d}^2}{\mathrm{d}\varphi^2} - D\mathscr{E}(1 - \varphi^2/2) = -\frac{\hbar^2}{2I}\frac{\mathrm{d}^2}{\mathrm{d}\varphi^2} + \frac{1}{2}D\mathscr{E}\varphi^2 - D\mathscr{E} \tag{7}$$

除一个常量 $-D\mathscr{E}$ 外, 其形式与谐振子 Hamilton 量相同. 借助于谐振子的解法, 可以严格求解. 特别是基态能量 $E_0 = \frac{1}{2}\hbar\omega - D\mathscr{E}$, $\omega = \sqrt{D\mathscr{E}/I}$, 基态波函数为

$$\psi_0(\varphi) = \frac{\sqrt{\alpha}}{\pi^{1/4}}\mathrm{e}^{-\alpha^2\varphi^2/2}, \quad \alpha = (D\mathscr{E}I/\hbar^2)^{1/4}$$

第 11 章　量子跃迁

11.1　荷电 q 的离子在平衡位置附近作小振动(简谐振动),受到光照射而发生跃迁,设照射光的能量密度为 $\rho(\omega)$,波长较长.求:

(a) 跃迁选择定则;

(b) 设离子原来处于基态,求每秒跃迁到第一激发态的概率.

解

(a) 具有电荷为 q 的离子,在波长较长的光的照射下,从 $n \to n'$ 的跃迁速率为

$$W_{n'n} = \frac{4\pi^2 q^2}{3\hbar^2} |x_{n'n}|^2 \rho(\omega_{n'n}), \qquad \omega_{n'n} = (n' - n)\omega_0$$

而根据谐振子波函数的递推关系(见习题 2.7)

$$x\psi_n(x) = \sqrt{\frac{\hbar}{\mu\omega_0}}\left[\sqrt{\frac{n}{2}}\psi_{n-1}(x) + \sqrt{\frac{n+1}{2}}\psi_{n+1}(x)\right]$$

可知跃迁选择定则为

$$\Delta n = n' - n = \pm 1$$

(b) 设初态为谐振子基态($n = 0$),利用

$$x\psi_0(x) = \sqrt{\frac{\hbar}{\mu\omega_0}}\sqrt{\frac{1}{2}}\psi_1(x)$$

可求出

$$|x_{10}|^2 = \frac{\hbar}{2\mu\omega_0}$$

而每秒钟跃迁到第一激发态的概率为

$$\omega_{10} = \frac{4\pi^2 q^2}{3\hbar^2}\frac{\hbar}{2\mu\omega_0}\rho(\omega_0) = \frac{2\pi^2 q^2}{3\mu\hbar\omega_0}\rho(\omega_0)$$

11.2　氢原子处于基态,受到脉冲电场 $E(t) = E_0\delta(t)$ 的作用.试用微扰论计算它跃迁到各激发态的概率以及仍然处于基态的概率(取 E_0 沿 z 轴方向来计算).

解答与分析见《量子力学习题精选与剖析》[上],10.2 题,10.3 题.

11.3　考虑一个二能级体系,Hamilton 量 H_0 表示为(能量表象)

$$H_0 = \begin{bmatrix} E_1 & 0 \\ 0 & E_2 \end{bmatrix}, \quad E_1 < E_2$$

设 $t=0$ 时刻体系处于基态,后受到微扰 H' 作用

$$H' = \begin{pmatrix} \alpha & \gamma \\ \gamma & \beta \end{pmatrix}, \quad (\alpha,\beta,\gamma \text{ 为实数})$$

求 t 时刻体系跃迁到激发态的概率.

解答与分析见《量子力学习题精选与剖析》[上],10.4 题.

11.4 自旋为 1/2 的粒子,磁矩为 μ,处于沿 z 轴方向的常磁场 B_0 中,初始时刻粒子自旋向下($\sigma_z=-1$).后来加上沿 x 方向的常磁场 $B_1(\ll B_0)$,求 t 时刻测得粒子自旋向上的概率.

提示 磁矩算符 $\boldsymbol{\mu}=\mu\boldsymbol{\sigma}$,与外磁场的作用 $H'=-\boldsymbol{\mu}\cdot\boldsymbol{B}=-\mu(B_1\sigma_x+B_0\sigma_z)$.

解答与分析见《量子力学习题精选与剖析》[上],10.6 题.

***11.5** 一维谐振子(荷电 q),受到均匀外电场的作用(见 10.1 节,例 2)

$$H = -\frac{\hbar^2}{2m}\frac{\mathrm{d}^2}{\mathrm{d}x^2} + \frac{1}{2}m\omega^2x^2 - q\mathscr{E}x = H_0 - q\mathscr{E}x$$

设它处于基态,在 $t=0$ 时刻外电场突然撤走.求粒子处于谐振子 H_0 的第 n 激发态的概率 $P(n)$.

H 的本征态 $\varphi_n(x)$ 和本征值 ϵ_n 的严格解见《量子力学》卷Ⅰ,502~503 页(见本书附录,第 9 章,9.3 题解答).

提示 $t=0$ 时基态波函数 $\varphi_0(x)$ 用 H_0 的本征函数 $\psi_n(x)$ 展开,可以求出粒子处于 $\psi_n(x)$ 态的概率为 $P_n=|(\psi_n,\varphi_0)|^2=\dfrac{\mathrm{e}^{-\lambda}\lambda^n}{n!}$,$\lambda=\dfrac{q^2\mathscr{E}^2}{2m\omega^3\hbar}$.

11.6 自旋为 1/2 的粒子,具有内禀磁矩 μ,受到旋转磁场(绕 z 轴方向)$\boldsymbol{B}(t)(B_1\cos2\omega_0t, -B_1\sin2\omega_0t, B_0)$的作用

$$H = -\mu\boldsymbol{\sigma}\cdot\boldsymbol{B}(t) = -\mu\begin{bmatrix} B_0 & B_1\mathrm{e}^{2\mathrm{i}\omega_0t} \\ B_1\mathrm{e}^{-2\mathrm{i}\omega_0t} & -B_0 \end{bmatrix}$$

求粒子的瞬时本征能量和本征态.

解

设本征态为 $\chi(t)=\begin{pmatrix} a(t) \\ b(t) \end{pmatrix}$,本征值为 E,瞬时能量本征方程为

$$-\mu\begin{bmatrix} B_0 & B_1\mathrm{e}^{2\mathrm{i}\omega_0t} \\ B_1\mathrm{e}^{-2\mathrm{i}\omega_0t} & -B_0 \end{bmatrix}\begin{pmatrix} a(t) \\ b(t) \end{pmatrix} = E\begin{pmatrix} a(t) \\ b(t) \end{pmatrix} \tag{1}$$

即

$$\begin{bmatrix} -\mu B_0 - E & -\mu B_1 e^{2i\omega_0 t} \\ -\mu B_1 e^{-2i\omega_0 t} & \mu B_0 - E \end{bmatrix} \begin{pmatrix} a(t) \\ b(t) \end{pmatrix} = 0 \tag{2}$$

由久期方程

$$\begin{vmatrix} -\mu B_0 - E & -\mu B_1 e^{2i\omega_0 t} \\ -\mu B_1 e^{-2i\omega_0 t} & \mu B_0 - E \end{vmatrix} = 0 \tag{3}$$

解出

$$E = E_{\pm} = \pm\sqrt{\mu^2(B_0^2 + B_1^2)} \tag{4}$$

分别用 $E = E_+$ 和 E_- 代入方程(2)式,即下式中任何一式,并利用归一化条件

$$\begin{aligned} (-\mu B_0 - E)a(t) &= \mu B_1 e^{2i\omega_0 t} b(t) \\ -\mu B_1 e^{-2i\omega_0 t} a(t) &= -(\mu B_0 - E) b(t) \end{aligned} \tag{5}$$

可以求出

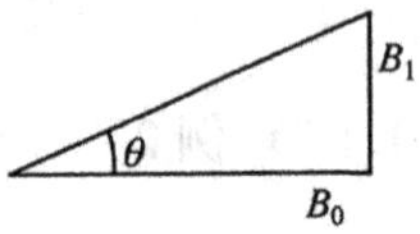

对于 $E = E_+$, $\quad \chi_+(t) = \begin{bmatrix} \sin(\theta/2) \\ -\cos(\theta/2) e^{-2i\omega_0 t} \end{bmatrix}$

对于 $E = E_-$, $\quad \chi_-(t) = \begin{bmatrix} \cos(\theta/2) \\ \sin(\theta/2) e^{-2i\omega_0 t} \end{bmatrix}$

上式中 θ 值由 $\tan\theta = B_1/B_0$ 确定,(见右图)

11.7 同上题,设粒子初态为 $\chi(0) = \begin{pmatrix} a \\ b \end{pmatrix}$,求 $t(>0)$时刻的状态 $\chi(t)$.

解 设

$$\chi(t) = \begin{pmatrix} a(t) \\ b(t) \end{pmatrix}$$

含时 Schrödinger 方程为

$$i\hbar \begin{pmatrix} \dot{a} \\ \dot{b} \end{pmatrix} = -\mu \begin{bmatrix} B_0 & B_1 e^{2i\omega_0 t} \\ B_1 e^{-2i\omega_0 t} & -B_0 \end{bmatrix} \begin{pmatrix} a \\ b \end{pmatrix} \tag{1}$$

记 $\omega_0 = \mu B_0/\hbar$, $\omega_1 = \mu B_1/\hbar$,上式可化为

$$\begin{pmatrix} \dot{a} \\ \dot{b} \end{pmatrix} = \begin{bmatrix} i\omega_0 & i\omega_1 e^{2i\omega_0 t} \\ i\omega_1 e^{-2i\omega_0 t} & -i\omega_0 \end{bmatrix} \begin{pmatrix} a \\ b \end{pmatrix} \tag{2}$$

即

$$\dot{a} = i\omega_0 a + i\omega_1 e^{2i\omega_0 t} b, \quad \dot{b} = i\omega_1 e^{-2i\omega_0 t} a - i\omega_0 b \tag{3}$$

令

$$a(t) = c_1(t) e^{i\omega_0 t}, \quad b(t) = c_2(t) e^{-i\omega_0 t} \tag{4}$$

代入(3)式,得

$$\dot{c}_1 = \mathrm{i}\omega_1 c_2, \quad \dot{c}_2 = \mathrm{i}\omega_1 c_1$$

此两式相加、减,得

$$\dot{c}_1 + \dot{c}_2 = \mathrm{i}\omega_1(c_1 + c_2), \quad \dot{c}_1 - \dot{c}_2 = -\mathrm{i}\omega_1(c_1 - c_2)$$

积分后,得

$$\begin{aligned} c_1(t) + c_2(t) &= [c_1(0) + c_2(0)]\mathrm{e}^{\mathrm{i}\omega_1 t} \\ c_1(t) - c_2(t) &= [c_1(0) - c_2(0)]\mathrm{e}^{-\mathrm{i}\omega_1 t} \end{aligned} \tag{5}$$

(5)中两式相加、减,得

$$\begin{aligned} c_1(t) &= \frac{1}{2}\{[c_1(0) + c_2(0)]\mathrm{e}^{\mathrm{i}\omega_1 t} + [c_1(0) - c_2(0)]\mathrm{e}^{-\mathrm{i}\omega_1 t}\} \\ c_2(t) &= \frac{1}{2}\{[c_1(0) + c_2(0)]\mathrm{e}^{\mathrm{i}\omega_1 t} - [c_1(0) - c_2(0)]\mathrm{e}^{-\mathrm{i}\omega_1 t}\} \end{aligned} \tag{6}$$

按照初态 $\chi(0) = \begin{pmatrix} a \\ b \end{pmatrix}$,可知 $c_1(0) = a$,$c_2(0) = b$.代入(6)式,得

$$\begin{aligned} c_1(t) &= a\cos\omega_1 t + \mathrm{i}b\sin\omega_1 t \\ c_2(t) &= \mathrm{i}a\sin\omega_1 t + b\cos\omega_1 t \end{aligned} \tag{7}$$

即

$$\chi(t) = \begin{pmatrix} a(t) \\ b(t) \end{pmatrix} = \begin{pmatrix} c_1(t)\mathrm{e}^{\mathrm{i}\omega_0 t} \\ c_2(t)\mathrm{e}^{-\mathrm{i}\omega_0 t} \end{pmatrix} = \begin{pmatrix} (a\cos\omega_1 t + \mathrm{i}b\sin\omega_1 t)\mathrm{e}^{\mathrm{i}\omega_0 t} \\ (\mathrm{i}a\sin\omega_1 t + b\cos\omega_1 t)\mathrm{e}^{-\mathrm{i}\omega_0 t} \end{pmatrix}$$

第 12 章　其他近似方法

12.1　用类似于《量子力学教程》12.1 节的方法讨论二维 Fermi 气体.

(a) 设电子限制在边长为 L 的方框中,单粒子能级由下式给出:

$$E(n)=\frac{\pi^2\hbar^2}{2mL^2}n^2,\ n^2=n_x^2+n_y^2,\ n_x,n_y=1,2,\cdots$$

在大量子数($n\gg1$)下,在(n,$n+\mathrm{d}n$)中的量子态数目(计及自旋态)为 $\mathrm{d}N=\pi n\,\mathrm{d}n$.计算态密度 $\mathrm{d}N/\mathrm{d}E$

(b) 求二维 Fermi 气体的 Fermi 能量 E_f 和能量平均值 E_{av}.

分析与解答见《量子力学习题精选与剖析》[下],7.21 题.

答案　(a) $\dfrac{\mathrm{d}N}{\mathrm{d}E}=\dfrac{mL^2}{\pi\hbar^2}$.与 12.1 节(4)式比较,此处$\dfrac{\mathrm{d}N}{\mathrm{d}E}$与$E$ 无关.

(b) $E_f=\dfrac{\pi\hbar^2}{m}\rho$,$\rho=N/L^2$ 是面密度.$E_{\text{av}}=\dfrac{1}{2}E_f$.

12.2　对于一维谐振子,取基态试探波函数形式为 $\mathrm{e}^{-\lambda x^2}$,$\lambda$ 为参数.用变分法求基态能量,并与严格解比较.

解

一维谐振子的 Harmlton 量(取自然单位)

$$H=-\frac{1}{2}\frac{\mathrm{d}^2}{\mathrm{d}x^2}+\frac{1}{2}x^2$$

在所取试探波函数形式下,

$$\overline{H}(\lambda)=\frac{\int\psi^*H\psi\mathrm{d}x}{\int\psi^*\psi\mathrm{d}x}=\frac{\int_{-\infty}^{+\infty}\mathrm{e}^{-\lambda x^2}\left(-\frac{1}{2}\frac{\mathrm{d}^2}{\mathrm{d}x^2}+\frac{1}{2}x^2\right)\mathrm{e}^{-\lambda x^2}\mathrm{d}x}{\int_{-\infty}^{+\infty}\mathrm{e}^{-2\lambda x^2}\mathrm{d}x}=\frac{1}{2}\lambda+\frac{1}{8\lambda}\quad(1)$$

由

$$\frac{\partial\overline{H}(\lambda)}{\partial\lambda}=\frac{1}{2}-\frac{1}{8\lambda^2}=0$$

可得　$\lambda=\pm\dfrac{1}{2}$.$\lambda=-1/2$ 的波函数不符合束缚态边条件,取 $\lambda=1/2$.此时基态能量为(用 $\lambda=1/2$ 代入(1)式)

$$E = \overline{H}(\lambda = 1/2) = 1/2$$

与谐振子基态能量的严格解 $E_0 = \dfrac{1}{2}\hbar\omega$ 相同.其原因是由于所取试探波函数的形式与严格解的形式相同.

12.3 对于非简谐振子,$H = -\dfrac{\hbar^2}{2m}\dfrac{d^2}{dx^2} + \lambda x^4$.取试探波函数为 $\psi_0(x) = \dfrac{\sqrt{\alpha}}{\pi^{1/4}}e^{-\alpha^2x^2/2}$(与谐振子基态波函数形式相同),$\alpha$ 为参数.用变分法求基态能量.

解

在所取试探波函数形式下

$$\overline{H}(\alpha) = \frac{\int \psi_0^* H\psi_0 dx}{\int \psi_0^* \psi_0 dx} = \frac{\int_{-\infty}^{+\infty} e^{-\alpha^2x^2/2}\left(-\dfrac{\hbar^2}{2m}\dfrac{d^2}{dx^2} + \lambda x^4\right)e^{-\alpha^2x^2/2}dx}{\int_{-\infty}^{+\infty} e^{-\alpha^2x^2}dx}$$

$$= \frac{\hbar^2\alpha^2}{4m} + \frac{3\lambda}{4\alpha^4} \tag{1}$$

由

$$\frac{\partial \overline{H}(\alpha)}{\partial \alpha} = \frac{\hbar^2\alpha}{2m} - \frac{3\lambda}{\alpha^5} = 0$$

得

$$\alpha = \left(\frac{6m\lambda}{\hbar^2}\right)^{1/6}$$

用此值代入(1)式,可求出基态能量

$$E = \frac{\hbar^2}{4m}\frac{(6m\lambda)^{1/3}}{\hbar^{2/3}} + \frac{3\lambda}{4(6m\lambda)^{2/3}/\hbar^{4/3}} = \frac{3^{4/3}}{4}\left(\frac{\hbar^2}{2m}\right)^{2/3}\lambda^{1/3}$$

12.4 氢原子基态试探波函数取为 $e^{-\lambda(r/a)}$,$a = \hbar^2/\mu e^2$(Bohr 半径),λ 为参数.用变分法求基态能量,并与严格解比较.

解

采用自然单位,则基态试探波函数(径向部分)为 $\psi(r) = e^{-\lambda r}$.Harmlton 量为

$$H = -\frac{1}{2}\nabla^2 - \frac{1}{r}$$

$$= -\frac{1}{2}\left(\frac{1}{r^2}\frac{\partial}{\partial r}(r^2\frac{\partial}{\partial r}) + \frac{1}{\sin\theta}\frac{\partial}{\partial\theta}(\sin\theta\frac{\partial}{\partial\theta}) + \frac{1}{\sin^2\theta}\frac{\partial^2}{\partial\varphi^2}\right) - \frac{1}{r}$$

$$H\psi = -\frac{1}{2r^2}\frac{\partial}{\partial r}\left(r^2\frac{\partial}{\partial r}\right)e^{-\lambda r} - \frac{1}{r}e^{-\lambda r} = \frac{\lambda - 1}{r}e^{-\lambda r} - \frac{\lambda^2}{2}e^{-\lambda r}$$

所以

$$\overline{H}(\lambda)=\frac{\int_0^{\infty}\mathrm{e}^{-\lambda r}\left(\frac{\lambda-1}{r}\mathrm{e}^{-\lambda r}-\frac{\lambda^2}{2}\mathrm{e}^{-\lambda r}\right)r^2\mathrm{d}r}{\int_0^{\infty}r^2\mathrm{e}^{-2\lambda r}\mathrm{d}r}=\frac{1}{2}\lambda^2-\lambda \tag{1}$$

由

$$\frac{\partial\,\overline{H}(\lambda)}{\partial\lambda}=\lambda-1=0$$

得 $\lambda=1$.用此值代入(1),可求得基态能量(自然单位)为 $E=-1/2$,与严格解相同.

12.5 设在氘核中的质子与中子的相互作用为 $V(r)=-A\mathrm{e}^{-r/a}$($A=32\mathrm{MeV}$,$a=2.2\times10^{-15}\mathrm{m}$),设质子与中子相对运动波函数形式取为 $\mathrm{e}^{-\lambda r/2a}$,$\lambda$ 为变分参数.用变分法计算氘核基态能量.

解答见《量子力学习题精选与剖析》[上],9.12 题.

答案 基态能量为 $E=-2.15\mathrm{MeV}$.

12.6 利用 12.2 题结果,求一维谐振子的第一激发态的能量上界.

解

由于一维谐振子具有空间反射不变性,而且能级不简并,所以能量本征态具有确定宇称,而基态宇称为偶.为保证与基态正交,第一激发态取为如下奇宇称函数形式 $\psi_1(x)=x\mathrm{e}^{-\lambda x^2}$,$\lambda$ 为变分参数.因此,

$$\overline{H}(\lambda)=\frac{\int_{-\infty}^{+\infty}x\mathrm{e}^{-\lambda x^2}\left(-\frac{1}{2}\frac{\mathrm{d}^2}{\mathrm{d}x^2}+\frac{1}{2}x^2\right)x\mathrm{e}^{-\lambda x^2}\mathrm{d}x}{\int_{-\infty}^{+\infty}x\mathrm{e}^{-\lambda x^2}x\mathrm{e}^{-\lambda x^2}\mathrm{d}x}=\frac{3}{2}\lambda+\frac{3}{8\lambda} \tag{1}$$

由

$$\frac{\partial\,\overline{H}(\lambda)}{\partial\lambda}=\frac{3}{2}-\frac{3}{8\lambda^2}=0$$

得 $\lambda=\pm\frac{1}{2}$. $\lambda=-1/2$ 的波函数不符合束缚态边条件,所以取 $\lambda=1/2$.用 $\lambda=1/2$ 代入(1),得

$$E=\overline{H}(\lambda=1/2)=3/2$$

所以第一激发态能量的上界为$\frac{3}{2}\hbar\omega$.

附　录

《量子力学教程》(曾谨言著)书中共有 118 道习题,其中大约有一半习题的解答,已在前面给出.另外约有一半的习题的解答,可以在《量子力学习题精选与剖析》(上、下册)(钱伯初,曾谨言著)的书中找到.还有少数几道习题的分析和解答,可以在《量子力学》(卷Ⅰ,Ⅱ)(曾谨言著)书中找到.为教师和读者的方便考虑,在征得原作者同意后,出版社把这些习题集中起来,作为本书的附录.对于愿意做更多习题的读者,或有志报考研究生或出国留学深造的同学,建议你们直接找原著来学习.20 世纪 80 年代和 90 年代物理相关专业的本科生、研究生和出国留学生的经验表明,他们曾经从这两部著作中获得不少收益.

本书责任编辑　张邦固

2003 年 8 月

第 2 章　一维势场中的粒子

2.6　见《量子力学》卷 I，108 页，有详细解答.

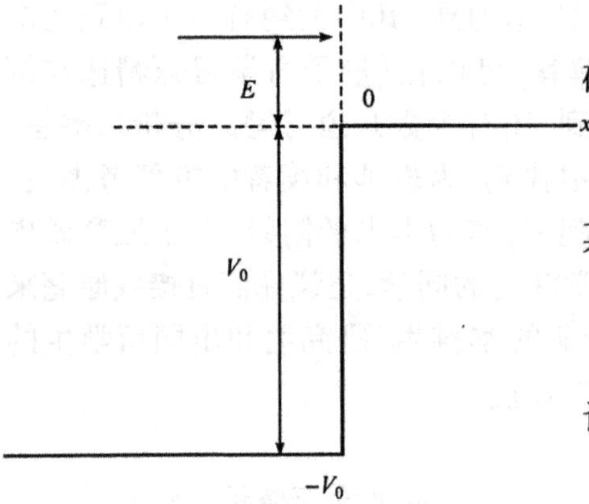

考虑右图所示势阱中粒子，可证明粒子碰到侧壁的透射系数为

$$T_0 = \frac{4k/k'}{(1+k/k')^2}$$

其中

$$k = \sqrt{2mE}/\hbar$$
$$k' = \sqrt{2m(E+V_0)}/\hbar$$

设 $E \ll V_0 (k \ll k')$，则

$$T_0 \approx \frac{4k}{k'} = 4\sqrt{\frac{E}{E+V_0}} \approx 4\sqrt{\frac{E}{V_0}}$$

2.10　解答参见《量子力学习题精选与剖析》[上]，3.7 题.

3.7　电荷为 q 的自由谐振子，能量算符为

$$H_0 = \frac{p^2}{2m} + \frac{1}{2}m\omega^2 x^2 \tag{1}$$

能量本征函数记为 $\psi_n(x)$，能级记为 $E_n^{(0)}$. 如外加均匀电场 $\mathscr{E}$，使振子额外受力 $f = q\mathscr{E}$，从而总能量算符变成

$$H = \frac{p^2}{2m} + \frac{1}{2}m\omega^2 x^2 - q\mathscr{E}x \tag{2}$$

新的能级记为 E_n，本征函数记为 $\varphi_n(x)$. 求 E_n 和 φ_n，并将 φ_n 用 ψ_n 表示出来.

解一　H_0 和 H 中，p 是动量算符，

$$p = -\mathrm{i}\hbar\frac{\mathrm{d}}{\mathrm{d}x}$$

式(2)中势能项可以写成

$$\frac{1}{2}m\omega^2 x^2 - q\mathscr{E}x = \frac{1}{2}m\omega^2[(x-x_0)^2 - x_0^2]$$

其中

$$x_0 = q\mathscr{E}/m\omega^2 \tag{3}$$

如作坐标平移，令

$$x' = x - x_0 \tag{4}$$

由于

$$p = -\mathrm{i}\hbar\frac{\mathrm{d}}{\mathrm{d}x} = -\mathrm{i}\hbar\frac{\mathrm{d}}{\mathrm{d}x'} = p' \tag{5}$$

H 可以表示成

$$H = \frac{p'^2}{2m} + \frac{1}{2}m\omega^2 x'^2 - \frac{1}{2}m\omega^2 x_0^2 \tag{6}$$

比较式(1)和(6),易见 H 和 H_0 的差别在于变量由 x 换成 x',并添加了常数项 $\left(-\frac{1}{2}m\omega^2 x_0^2\right)$. 由此可知

$$E_n = E_n^{(0)} - \frac{1}{2}m\omega^2 x_0^2 \tag{7}$$

$$\varphi_n(x) = \psi_n(x') = \psi_n(x - x_0) \tag{8}$$

如所周知,自由振子的能级为

$$E_n^{(0)} = \left(n + \frac{1}{2}\right)\hbar\omega, \quad n = 0,1,2,\cdots \tag{9}$$

因此

$$\begin{aligned} E_n &= \left(n + \frac{1}{2}\right)\hbar\omega - \frac{1}{2}m\omega^2 x_0^2 \\ &= \left(n + \frac{1}{2}\right)\hbar\omega - \frac{q^2\mathscr{E}^2}{2m\omega^2} \end{aligned} \tag{10}$$

如引入坐标平移算符

$$D_x(x_0) = \mathrm{e}^{-\mathrm{i}x_0 p/\hbar} = \mathrm{e}^{-x_0\frac{\mathrm{d}}{\mathrm{d}x}} \tag{11}$$

它对波函数的作用是

$$D_x(x_0)\psi(x) = \psi(x - x_0) \tag{11$'$}$$

则 H 和 H_0 的本征函数可用平移算符联系起来:

$$\varphi_n(x) = \psi_n(x - x_0) = D_x(x_0)\psi_n(x) \tag{12}$$

反之,

$$\psi_n(x) = \varphi_n(x + x_0) = D_x(-x_0)\varphi_n(x) \tag{12$'$}$$

解二 利用自由振子的升、降算符

$$a = \sqrt{\frac{m\omega}{2\hbar}}\left(x + \frac{\mathrm{i}}{m\omega}p\right), \quad a^+ = \sqrt{\frac{m\omega}{2\hbar}}\left(x - \frac{\mathrm{i}}{m\omega}p\right) \tag{13}$$

将 H_0 及 H 表示成

$$H_0 = \left(a^+ a + \frac{1}{2}\right)\hbar\omega \tag{14}$$

$$H = \left(a^+ a + \frac{1}{2}\right)\hbar\omega - q\mathscr{E}\sqrt{\frac{\hbar}{2m\omega}}(a + a^+) \tag{15}$$

引入

$$x_0 = q\mathscr{E}/m\omega^2 \tag{3}$$

则

$$\begin{aligned} H &= \hbar\omega\left[a^+ a + \frac{1}{2} - x_0\sqrt{\frac{m\omega}{2\hbar}}(a + a^+)\right] \\ &= \hbar\omega\left[\left(a^+ - x_0\sqrt{\frac{m\omega}{2\hbar}}\right)\left(a - x_0\sqrt{\frac{m\omega}{2\hbar}}\right) + \frac{1}{2} - \frac{m\omega x_0^2}{2\hbar}\right] \\ &= \hbar\omega\left[(a^+ - \alpha_0)(a - \alpha_0) + \frac{1}{2}\right] - \frac{1}{2}m\omega^2 x_0^2 \end{aligned} \tag{16}$$

其中

$$\alpha_0 = x_0\sqrt{m\omega/2\hbar} \tag{17}$$

比较式(14)、(16)，H 和 H_0 的差别在于 $a \to a - \alpha_0$，$a^+ \to a^+ - \alpha_0$，以及添加了常数项$\left(-\frac{1}{2}m\omega^2 x_0^2\right)$.

在题 3.1 中，从基本对易式

$$[a, a^+] = 1 \tag{18}$$

出发，证明了能级公式(9)以及本征态之间的递推关系

$$a\psi_n = \sqrt{n}\psi_{n-1}, \quad a^+\psi_n = \sqrt{n+1}\psi_{n+1} \tag{19}$$

并得出了基态波函数满足的方程

$$a\psi_0 = 0 \tag{20}$$

由于

$$[a - \alpha_0, a^+ - \alpha_0] = [a, a^+] = 1$$

所以用同样的逻辑推理也可得出 H 的本征值和本征函数的类似结论，只需在整个推导过程中用$(a - \alpha_0)$代替 a，用$(a^+ - \alpha_0)$代替 a^+. H 的本征值显然就是式(10). 本征函数的递推关系及基态方程则是

$$(a - \alpha_0)\varphi_n(x) = \sqrt{n}\varphi_{n-1}(x) \tag{21}$$

$$(a^+ - \alpha_0)\varphi_n(x) = \sqrt{n+1}\varphi_{n+1}(x)$$

$$(a - \alpha_0)\varphi_0(x) = 0 \tag{22}$$

$a \to (a - \alpha_0)$（以及 $a^+ \to a^+ - \alpha_0$）等价于 $x \to (x - x_0)$，因此将 $\psi_n(x)$中 x 换成$(x - x_0)$，即得

$$\varphi_n(x) = \psi_n(x - x_0) = D_x(x_0)\psi_n(x) \tag{12}$$

φ_n 和 φ_0 可以通过算符$(a^+ - \alpha_0)$联系起来：

$$\varphi_n(x) = \frac{1}{\sqrt{n!}}(a^+ - \alpha_0)^n \varphi_0(x) \tag{23}$$

2.13 解答参见《量子力学》,卷Ⅰ,94~97 页,例 1.

*例 1 半壁无限高的势垒(右图)

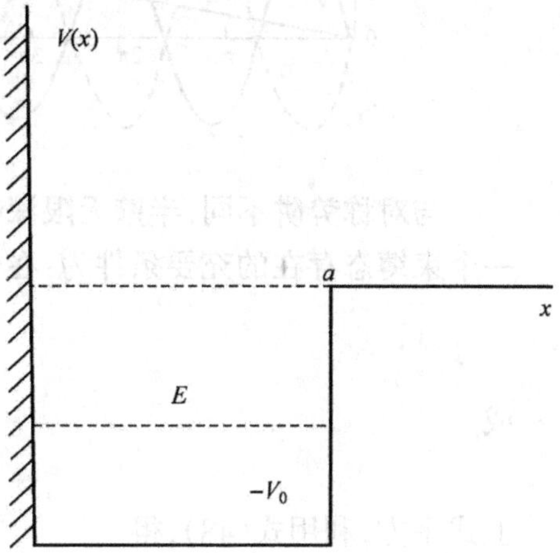

$$V(x) = \begin{cases} \infty, & x < 0, \\ -V_0, & 0 < x < a, \\ 0, & x > a. \end{cases}$$

考虑 $-V_0 < E < 0$ 情况,分三个区域讨论:

$x<0$ 区域有

$$\psi \equiv 0$$

$0<x<a$ 区域有

$$\psi = A\sin(kx+\delta)$$
$$k = \sqrt{2m(E+V_0)}/\hbar \tag{41}$$

利用 $\psi(0)=0$ 的边条件,可知 $\delta=0$,所以

$$\psi = A\sin kx \tag{42}$$

$x>a$ 区域,有

$$\psi \propto e^{\pm\beta x}$$

其中

$$\beta = \sqrt{-2mE}/\hbar \tag{43}$$

考虑到 $x\to+\infty$ 处,要求 ψ 为 0 的边界条件,只能取

$$\psi(x) = Be^{-\beta x} \quad (x>a) \tag{44}$$

然后根据 $x=a$ 处 $(\ln\psi)'$ 的连续条件,可求出

$$k\cot ka = -\beta \tag{45}$$

[试与式(34)比较],上式可改写成

$$\cot ka = -\beta/k < 0 \tag{46}$$

所以 ka 处在第Ⅱ,Ⅳ象限中.上式还可改为

$$\sin ka = \pm k/k_0 = \pm ka/k_0 a \tag{47}$$

其中

$$k_0 = \sqrt{2mV_0}/\hbar > 0 \tag{48}$$

用图解法可以近似求出方程(47)的根.下图是有 5 个根的情况,这 5 个根是 $y = ka/k_0 a$ 与 $y = |\sin ka|$ 的交点(交点在Ⅱ,Ⅳ象限中者).

当 $V_0\to\infty(k_0\to\infty)$,即无限深方势阱情况,直线 $y=ka/k_0 a$ 变成 $y=0$(横轴),它与 $y=|\sin ka|$ 的交点(在Ⅱ,Ⅳ象限中者)为

$$ka = n\pi, \quad n = 1,2,3,\cdots$$

与式(6)完全一致.

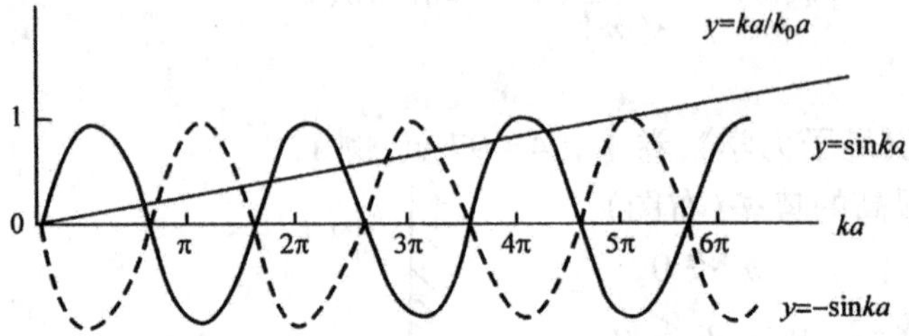

与对称势阱不同,半壁无限深势阱中的粒子,并不一定存在束缚态,而至少有一个束缚态存在的充要条件为:在 $ka=\pi/2$ 处,$y=ka/k_0a\leqslant 1$,即

$$\frac{\pi}{2}/k_0a\leqslant 1$$

或

$$k_0a\geqslant \pi/2$$

上式平方,利用式(48),得

$$V_0a^2\geqslant \hbar^2\pi^2/8m \tag{49}$$

这是对势阱的深度 V_0 及宽度 a 的限制.

***2.15** 讨论和解答可以在《量子力学》,卷Ⅱ,128~131 页中找到.

设处于谐振子势 $V(x)=\dfrac{1}{2}m\omega^2x^2$ 中的粒子在初始时刻($t=0$)状态为

$$\psi(x,0)=\psi_0(x-x_0)=\pi^{-1/4}L^{-1/2}\mathrm{e}^{-(x-x_0)^2/2L^2} \tag{1}$$

$$L=\sqrt{\hbar/m\omega}\qquad(\text{自然长度})$$

即波形与基态波函数 $\psi_0(x)$ 相同,但波包中心不在谐振势的平衡点($x=0$),而在 $x=x_0$ 点.从经典力学观点来看,粒子将围绕平衡点振动.从量子力学来看,这个态就不可能是一个定态(处于定态的粒子,其空间分布概率密度不随时间改变).事实上,它既不再是基态,也不是任何一个能量本征态,而是无限多个能量本征态按一定的权重的相干叠加,即

$$\psi(x,0)=\sum_{n=0}^{\infty}C_n\psi_n(x) \tag{2}$$

$$\psi_n(x)=N_n\mathrm{e}^{-\xi^2/2}\mathrm{H}_n(\xi),\quad N_n=[L\sqrt{\pi}\cdot 2^n\cdot n!]^{-1/2},\quad \xi=x/L$$

$\psi_n(x)$ 即 $E_n=(n+1/2)\hbar\omega$ 的能量本征态.可以证明

$$C_n=(\psi_n(x),\psi(x,0))=\xi_0^n\cdot\mathrm{e}^{-\xi_0^2/4}/\sqrt{2^n\cdot n!} \tag{3}$$

$$\xi_0=x_0/L$$

更简单的计算方法是用代数方法,即用平移算符作用于基态波函数 $\psi_0(x)$ 而

得出

$$\psi_0(x - x_0) = D(x_0)\psi_0(x) = \langle x | D(x_0) | 0 \rangle \tag{4}$$

$$D(x_0) = \mathrm{e}^{-\mathrm{i}x_0\hat{p}_x/\hbar}$$

$\hat{p}_x = -\mathrm{i}\hbar\dfrac{\partial}{\partial x}$. 利用谐振子的升降算符，$\hat{p}_x$ 可以表示为

$$\hat{p}_x = \mathrm{i}\sqrt{\frac{m\hbar\omega}{2}}(a^+ - a) \tag{5}$$

于是 $D(x_0) = \mathrm{e}^{\alpha(a^+ - a)}$，$\alpha = \sqrt{\dfrac{m\omega}{2\hbar}}x_0 = x_0/\sqrt{2}L = \xi_0/\sqrt{2}$(无量纲). 利用代数恒等式

$$\mathrm{e}^{A+B} = \mathrm{e}^A\mathrm{e}^B\mathrm{e}^{-C/2} = \mathrm{e}^B\mathrm{e}^A\mathrm{e}^{C/2}$$

式中 $C = [A, B]$，并假定$[A, C] = [B, C] = 0$. 按照$[a, a^+] = 1$，可得

$$\begin{aligned}
\mathrm{e}^{\alpha(a^+ - a)}|0\rangle &= \mathrm{e}^{-\alpha^2/2}\mathrm{e}^{\alpha a^+}\mathrm{e}^{-\alpha a}|0\rangle \\
&= \mathrm{e}^{-\alpha^2/2}\mathrm{e}^{\alpha a^+}|0\rangle \qquad (\text{因 } a|0\rangle = 0) \\
&= \mathrm{e}^{-\alpha^2/2}\sum_{n=0}^{\infty}\frac{\alpha^n}{n!}(a^+)^n|0\rangle \\
&= \mathrm{e}^{-\alpha^2/2}\sum_{n=0}^{\infty}\frac{\alpha^n}{\sqrt{n!}}|n\rangle, \quad |n\rangle = \frac{(a^+)^n}{\sqrt{n!}}|0\rangle
\end{aligned} \tag{6}$$

所以

$$\langle x | D(x_0) | 0 \rangle = \sum_{n=0}^{\infty} C_n\psi_n(x), \quad C_n = \mathrm{e}^{-\xi_0^2/4}\frac{\xi_0^n}{\sqrt{2^n \cdot n!}}$$

与式(3)一致.

按式(2)、(3)及 $E_n = (n + 1/2)\hbar\omega$，可得出 t 时刻的波函数

$$\psi(x, t) = \sum_{n=0}^{\infty}\frac{\mathrm{e}^{-\xi_0^2/4}\xi_0^n}{\sqrt{2^n \cdot n!}} \cdot \psi_n(x)\mathrm{e}^{-(n+1/2)\omega t} \tag{7}$$

$$= \frac{1}{[\sqrt{\pi}L]^{1/2}}\exp\left[-\frac{1}{2}(\xi - \xi_0\cos\omega t)^2 - \mathrm{i}\left(\frac{1}{2}\omega t + \xi_0\xi\sin\omega t - \frac{1}{4}\xi_0^2\sin 2\omega t\right)\right] \tag{8}$$

因此

$$|\psi(x, t)|^2 = \frac{1}{\sqrt{\pi}L}\exp[-(x - x_0\cos\omega t)^2/L^2] \tag{9}$$

与

$$|\psi(x, 0)|^2 = \frac{1}{\sqrt{\pi}L}\exp[-(x - x_0)^2/L^2] \tag{10}$$

相比,可见$|\psi(x,t)|^2$是一个围绕$x=0$点振荡的Gauss波包,波形不变(波包不扩散),波包中心位置在$x_c=x(t)=x_0\cos\omega t$处.与经典振子(初位置在$x=x_0$处)的振动规律完全相同.所以相干态是一个最理想的准经典态.

*2.16 对于一维粒子,证明:使坐标与动量不确定度之积取最小值$\Delta x\cdot\Delta p=\hbar/2$的波包必为Gauss型波包$\psi(x)\sim e^{-\lambda x^2}$.

详细证明见,L. I. Schiff, Quantum Mechanics,(第3版)61～62页.

第3章 力学量用算符表达

3.5 证明见《量子力学习题精选与剖析》[上],4.1题.

4.1 设 $\boldsymbol{A}$、$\boldsymbol{B}$、$\boldsymbol{C}$ 为矢量算符,其直角坐标系分量为

$$\boldsymbol{A}=(A_x,A_y,A_z)=(A_1,A_2,A_3)$$

等等. $\boldsymbol{A}$、$\boldsymbol{B}$ 的标积和矢积定义为

$$\boldsymbol{A}\cdot\boldsymbol{B}=\sum_{\alpha}A_\alpha B_\alpha=A_xB_x+A_yB_y+A_zB_z \tag{1}$$

$$(\boldsymbol{A}\times\boldsymbol{B})_x=A_yB_z-A_zB_y \tag{2}$$

等等. 试验证下列各式:

$$\boldsymbol{A}\cdot(\boldsymbol{B}\times\boldsymbol{C})=(\boldsymbol{A}\times\boldsymbol{B})\cdot\boldsymbol{C} \tag{3}$$

$$[\boldsymbol{A}\times(\boldsymbol{B}\times\boldsymbol{C})]_\alpha=\boldsymbol{A}\cdot(B_\alpha\boldsymbol{C})-(\boldsymbol{A}\cdot\boldsymbol{B})C_\alpha \tag{4}$$

$$[(\boldsymbol{A}\times\boldsymbol{B})\times\boldsymbol{C}]_\alpha=\boldsymbol{A}\cdot(B_\alpha\boldsymbol{C})-A_\alpha(\boldsymbol{B}\cdot\boldsymbol{C}) \tag{5}$$

证 式(3)左端写成分量形式,为

$$\begin{aligned}\boldsymbol{A}\cdot(\boldsymbol{B}\times\boldsymbol{C})&=A_x(B_yC_z-B_zC_y)+A_y(B_zC_x-B_xC_z)+A_z(B_xC_y-B_yC_x)\\&=\sum_{\alpha\beta\gamma}\varepsilon_{\alpha\beta\gamma}A_\alpha B_\beta C_\gamma\end{aligned}$$

其中 $\varepsilon_{\alpha\beta\gamma}$ 为 Levi-Civita 符号,即

$$\begin{aligned}&\varepsilon_{123}=\varepsilon_{231}=\varepsilon_{312}=1\\&\varepsilon_{132}=\varepsilon_{213}=\varepsilon_{321}=-1\\&\varepsilon_{\alpha\beta\gamma}=0,\quad \alpha、\beta、\gamma\text{ 中有两个或三个相同}\end{aligned} \tag{6}$$

式(3)右端也可化成

$$(\boldsymbol{A}\times\boldsymbol{B})\cdot\boldsymbol{C}=\sum_{\alpha\beta\gamma}\varepsilon_{\alpha\beta\gamma}A_\alpha B_\beta C_\gamma$$

故得

$$\boldsymbol{A}\cdot(\boldsymbol{B}\times\boldsymbol{C})=(\boldsymbol{A}\times\boldsymbol{B})\cdot\boldsymbol{C}=\sum_{\alpha\beta\gamma}\varepsilon_{\alpha\beta\gamma}A_\alpha B_\beta C_\gamma \tag{7}$$

验证式(4),以第一分量为例,左端为

$$\begin{aligned}[\boldsymbol{A}\times(\boldsymbol{B}\times\boldsymbol{C})]_1&=A_2(\boldsymbol{B}\times\boldsymbol{C})_3-A_3(\boldsymbol{B}\times\boldsymbol{C})_2\\&=A_2(B_1C_2-B_2C_1)-A_3(B_3C_1-B_1C_3)\\&=A_2B_1C_2+A_3B_1C_3-(A_2B_2+A_3B_3)C_1\end{aligned} \tag{8}$$

而式(4)右端第一分量为

$$\boldsymbol{A}\cdot(B_1\boldsymbol{C})-(\boldsymbol{A}\cdot\boldsymbol{B})C_1=A_1B_1C_1+A_2B_1C_2+A_3B_1C_3$$

$$
\begin{aligned}
&- (A_1B_1 + A_2B_2 + A_3B_3)C_1 \\
&= A_2B_1C_2 + A_3B_1C_3 - (A_2B_2 + A_3B_3)C_1
\end{aligned}
$$

和式(8)相等,故式(4)成立.

同样可以验证式(5).式(4)和(5)有时写成下列矢量形式:

$$\boldsymbol{A} \times (\boldsymbol{B} \times \boldsymbol{C}) = \overbrace{\boldsymbol{A} \quad \cdot (\boldsymbol{B}\boldsymbol{C}}) - (\boldsymbol{A} \cdot \boldsymbol{B})\boldsymbol{C}, \tag{4'}$$

$$(\boldsymbol{A} \times \boldsymbol{B}) \times \boldsymbol{C} = \overbrace{\boldsymbol{A} \quad \cdot (\boldsymbol{B}\boldsymbol{C}}) - \boldsymbol{A}(\boldsymbol{B} \cdot \boldsymbol{C}). \tag{5'}$$

$\boldsymbol{A}$ 与 $\boldsymbol{C}$ 间联线表示 $\boldsymbol{A}$ 和 $\boldsymbol{C}$ 取标积.(但是 $\boldsymbol{B}$ 的位置在 $\boldsymbol{A}$、$\boldsymbol{C}$ 之间.)如果 $\boldsymbol{A}$、$\boldsymbol{B}$、$\boldsymbol{C}$ 互相对易,上二式就可写成

$$
\begin{aligned}
\boldsymbol{A} \times (\boldsymbol{B} \times \boldsymbol{C}) &= (\boldsymbol{A} \cdot \boldsymbol{C})\boldsymbol{B} - (\boldsymbol{A} \cdot \boldsymbol{B})\boldsymbol{C} \\
(\boldsymbol{A} \times \boldsymbol{B}) \times \boldsymbol{C} &= (\boldsymbol{A} \cdot \boldsymbol{C})\boldsymbol{B} - \boldsymbol{A}(\boldsymbol{B} \cdot \boldsymbol{C})
\end{aligned}
$$

这正是经典物理中的三重矢积公式.

3.6 证明见《量子力学习题精选与剖析》[上],4.2 题.

4.2 设 $\boldsymbol{A}$、$\boldsymbol{B}$ 为矢量算符,F 为标量算符,证明

$$[F, \boldsymbol{A} \cdot \boldsymbol{B}] = [F, \boldsymbol{A}] \cdot \boldsymbol{B} + \boldsymbol{A} \cdot [F, \boldsymbol{B}] \tag{1}$$

$$[F, \boldsymbol{A} \times \boldsymbol{B}] = [F, \boldsymbol{A}] \times \boldsymbol{B} + \boldsymbol{A} \times [F, \boldsymbol{B}] \tag{2}$$

证 式(1)右端等于

$$(F\boldsymbol{A} - \boldsymbol{A}F) \cdot \boldsymbol{B} + \boldsymbol{A} \cdot (F\boldsymbol{B} - \boldsymbol{B}F) = F\boldsymbol{A} \cdot \boldsymbol{B} - \boldsymbol{A} \cdot \boldsymbol{B}F = [F, \boldsymbol{A} \cdot \boldsymbol{B}]$$

这正是式(1)左端,故式(1)成立.

同样可以证明式(2).

3.7 证明见《量子力学习题精选与剖析》[上],4.3 题.

4.3 以 $\boldsymbol{r}$、$\hat{\boldsymbol{p}}$ 表示位置和动量算符,$\boldsymbol{l} = \boldsymbol{r} \times \hat{\boldsymbol{p}}$ 为轨道角动量算符,$\hat{F} = F(\boldsymbol{r}, \hat{\boldsymbol{p}})$为由 $\boldsymbol{r}$、$\hat{\boldsymbol{p}}$ 构成的标量算符.证明

$$[\hat{F}, \boldsymbol{l}] = \mathrm{i}\hbar \boldsymbol{r} \times \frac{\partial \hat{F}}{\partial \boldsymbol{r}} - \mathrm{i}\hbar \frac{\partial \hat{F}}{\partial \boldsymbol{p}} \times \hat{F} \tag{1}$$

证 利用对易式

$$[\boldsymbol{r}, \hat{F}] = \mathrm{i}\hbar \left(\frac{\partial \hat{F}}{\partial p_x}, \frac{\partial \hat{F}}{\partial p_y}, \frac{\partial \hat{F}}{\partial p_z} \right) \equiv \mathrm{i}\hbar \frac{\partial \hat{F}}{\partial \boldsymbol{p}} \tag{2}$$

$$[\hat{\boldsymbol{p}}, \hat{F}] = -\mathrm{i}\hbar \left(\frac{\partial \hat{F}}{\partial x}, \frac{\partial \hat{F}}{\partial y}, \frac{\partial \hat{F}}{\partial z} \right) \equiv -\mathrm{i}\hbar \frac{\partial \hat{F}}{\partial \boldsymbol{r}} \tag{3}$$

以及题 4.2 式(2),即得

$$
\begin{aligned}
[F, \boldsymbol{l}] &= [F, \boldsymbol{r} \times \boldsymbol{p}] = [F, \boldsymbol{r}] \times \boldsymbol{p} + \boldsymbol{r} \times [F, \boldsymbol{p}] \\
&= -\mathrm{i}\hbar \frac{\partial F}{\partial \boldsymbol{p}} \times \boldsymbol{p} + \mathrm{i}\hbar \boldsymbol{r} \times \frac{\partial F}{\partial \boldsymbol{r}}
\end{aligned}
$$

此即式(1).

3.8 证明见《量子力学习题精选与剖析》[上],4.6 题.

4.6 证明 $\boldsymbol{p}\times\boldsymbol{l}+\boldsymbol{l}\times\boldsymbol{p}=2\mathrm{i}\hbar\boldsymbol{p}$

$$\mathrm{i}\hbar(\boldsymbol{p}\times\boldsymbol{l}-\boldsymbol{l}\times\boldsymbol{p})=[\boldsymbol{l}^2,\boldsymbol{p}]$$

证 $(\boldsymbol{p}\times\boldsymbol{l}+\boldsymbol{l}\times\boldsymbol{p})_x=p_yl_z-p_zl_y+l_yp_z-l_zp_y$

$$=[p_y,l_z]+[l_y,p_z]$$

利用基本对易式

$$[l_\alpha,p_\beta]=[p_\alpha,l_\beta]=\mathrm{i}\hbar\varepsilon_{\alpha\beta\gamma}p_\gamma$$

即得

$$(\boldsymbol{p}\times\boldsymbol{l}+\boldsymbol{l}\times\boldsymbol{p})_x=2\mathrm{i}\hbar p_x$$

因此

$$\boldsymbol{p}\times\boldsymbol{l}+\boldsymbol{l}\times\boldsymbol{p}=2\mathrm{i}\hbar\boldsymbol{p} \tag{1}$$

其次,由于 p_x 和 l_x 对易,所以

$$\begin{aligned}[\boldsymbol{l}^2,p_x]&=[l_y^2,p_x]+[l_z^2,p_x]\\&=[l_y,p_x]l_y+l_y[l_y,p_x]+[l_z,p_x]l_z+l_z[l_z,p_x]\\&=\mathrm{i}\hbar(p_yl_z+l_zp_y-p_zl_y-l_yp_z)\\&=\mathrm{i}\hbar(\boldsymbol{p}\times\boldsymbol{l}-\boldsymbol{l}\times\boldsymbol{p})_x\end{aligned}$$

因此

$$\mathrm{i}\hbar(\boldsymbol{p}\times\boldsymbol{l}-\boldsymbol{l}\times\boldsymbol{p})=[\boldsymbol{l}^2,\boldsymbol{p}] \tag{2}$$

3.10 证明见《量子力学习题精选与剖析》[上],4.5 题.

4.5 定义径向动量算符

$$\hat{p}_r=\frac{1}{2}\left(\frac{\boldsymbol{r}}{r}\cdot\boldsymbol{p}+\boldsymbol{p}\cdot\frac{\boldsymbol{r}}{r}\right) \tag{1}$$

试求其球坐标表达式,并求 $\hat{p}_r^2$ 及$[r,\hat{p}_r]$.

解 在经典力学中,径向动量就是动量的径向投影,定义为

$$p_r=\frac{\boldsymbol{r}}{r}\cdot\boldsymbol{p}\text{ 或 }\boldsymbol{p}\cdot\frac{\boldsymbol{r}}{r} \tag{2}$$

过渡到量子力学,动量算符为

$$\hat{\boldsymbol{p}}=-\mathrm{i}\hbar\nabla \tag{3}$$

由于 $\hat{\boldsymbol{p}}$ 和 $\boldsymbol{r}/r$ 不对易,为了保证径向动量算符是 Hermite 算符,应取

$$\hat{p}_r=\frac{1}{2}\left(\frac{\boldsymbol{r}}{r}\cdot\boldsymbol{p}+\boldsymbol{p}\cdot\frac{\boldsymbol{r}}{r}\right)$$

此即式(1).利用式(3),易得

$$\hat{p}_r=\frac{\boldsymbol{r}}{r}\cdot\boldsymbol{p}-\frac{\mathrm{i}\hbar}{2}\left(\nabla\cdot\frac{\boldsymbol{r}}{r}\right)$$

$$= -\mathrm{i}\hbar \frac{1}{r}\boldsymbol{r}\cdot\nabla - \frac{\mathrm{i}\hbar}{r}$$

$$= -\mathrm{i}\hbar\left(\frac{\partial}{\partial r} + \frac{1}{r}\right) \tag{4}$$

此即 $\hat{p}_r$ 的球坐标表达式.

利用式(4),容易算出

$$\hat{p}_r^2 = -\hbar^2\left(\frac{\partial}{\partial r} + \frac{1}{r}\right)^2 = -\hbar^2\left(\frac{\partial^2}{\partial r^2} + \frac{2}{r}\frac{\partial}{\partial r}\right)$$

$$= -\hbar^2 \frac{1}{r^2}\frac{\partial}{\partial r}r^2\frac{\partial}{\partial r} \tag{5}$$

$$[r, \hat{p}_r] = -\mathrm{i}\hbar\left[r, \frac{\partial}{\partial r}\right] = \mathrm{i}\hbar \tag{6}$$

3.17 证明见《量子力学习题精选与剖析》[下],3.7 题.

3.7 设算符 A 与 B 不对易,$[A,B]=C$,但是 C 与 A 及 B 对易,即 $[A,C]=0$,$[B,C]=0$. 试证明 Baker-Hausdorff 公式:

$$\mathrm{e}^{A+B} = \mathrm{e}^A\mathrm{e}^B\mathrm{e}^{-\frac{1}{2}C} = \mathrm{e}^B\mathrm{e}^A\mathrm{e}^{\frac{1}{2}C}$$

证 引入参变数 λ,作

$$f(\lambda) = \mathrm{e}^{\lambda A}\mathrm{e}^{\lambda B} \tag{1}$$

注意 $f(0)=1$,$f(1)=\mathrm{e}^A\mathrm{e}^B$. 上式对 λ 求导,得到

$$\frac{\mathrm{d}}{\mathrm{d}\lambda}f(\lambda) = \mathrm{e}^{\lambda A}(A+B)\mathrm{e}^{\lambda B} \tag{2}$$

而根据题 3.6 式(3)

$$A\mathrm{e}^{\lambda B} = \mathrm{e}^{\lambda B}(A + \lambda C) \tag{3}$$

代入式(2),即得

$$\frac{\mathrm{d}}{\mathrm{d}\lambda}f(\lambda) = \mathrm{e}^{\lambda A}\mathrm{e}^{\lambda B}(A + B + \lambda C)$$

$$= f(\lambda)(A + B + \lambda C) \tag{4}$$

以 $f^{-1}(\lambda)$乘之,得到

$$\frac{1}{f(\lambda)}\frac{\mathrm{d}f(\lambda)}{\mathrm{d}\lambda} = A + B + C\lambda \tag{4'}$$

积分,即得

$$\ln f(\lambda) = \ln f(0) + (A+B)\lambda + \frac{1}{2}C\lambda^2$$

因此

$$f(\lambda) = f(0)\mathrm{e}^{(A+B)\lambda + \frac{1}{2}C\lambda^2}$$

由于 $f(0)=1$,故得

$$f(\lambda) = e^{(A+B)\lambda+\frac{1}{2}C\lambda^2} \tag{5}$$

以 $e^{-\frac{1}{2}C\lambda^2}$ 右乘上式,即得

$$e^{\lambda(A+B)} = e^{\lambda A}e^{\lambda B}e^{-\frac{1}{2}\lambda^2 C} \tag{6}$$

如令 $A\to B, B\to A$,则 $C\to[B,A]=-C$,上式变成

$$e^{\lambda(A+B)} = e^{\lambda B}e^{\lambda A}e^{\frac{1}{2}\lambda^2 C} \tag{6'}$$

式(6)和(6′)中取 $\lambda=1$,即得

$$e^{A+B} = e^A e^B e^{-\frac{1}{2}C} = e^B e^A e^{\frac{1}{2}C} \tag{7}$$

如 A、B 对易,则 $C=0$,上式即还原成题 3.1 式(4).

3.18 证明见《量子力学习题精选与剖析》[下],3.5 题.

3.5 给定算符 $\hat{A}$、$\hat{B}$,令

$$\hat{C}_0 = \hat{B}$$
$$\hat{C}_1 = [\hat{A},\hat{B}] = \hat{A}\hat{B} - \hat{B}\hat{A}$$
$$\hat{C}_2 = [\hat{A},\hat{C}_1] = [\hat{A},[\hat{A},\hat{B}]]$$
$$\cdots\cdots\cdots\cdots$$

证明

$$e^{\hat{A}}\hat{B}e^{-A} = \hat{C}_0 + \hat{C}_1 + \frac{1}{2!}\hat{C}_2 + \frac{1}{3!}\hat{C}_3 + \cdots$$
$$= \sum_{n=0}^{\infty}\frac{\hat{C}_n}{n!}$$

证 引入参变数 ξ,作

$$f(\xi) = e^{\xi\hat{A}}\hat{B}e^{-\xi\hat{A}} \tag{1}$$

则

$$f(0) = \hat{B}, \quad f(1) = e^{\hat{A}}\hat{B}e^{-\hat{A}} \tag{2}$$

对 ξ 求导,即得

$$\frac{d}{d\xi}f(\xi) = e^{\xi\hat{A}}(\hat{A}\hat{B} - \hat{B}\hat{A})e^{-\xi\hat{A}} = e^{\xi\hat{A}}C_1e^{-\xi\hat{A}}$$

$$\left(\frac{d}{d\xi}\right)^2 f(\xi) = e^{\xi\hat{A}}(\hat{A}\hat{C}_1 - \hat{C}_1\hat{A})e^{-\xi\hat{A}} = e^{\xi\hat{A}}\hat{C}_2e^{-\xi\hat{A}}$$

$$\cdots\cdots\cdots\cdots$$

$$\left(\frac{d}{d\xi}\right)^n f(\xi) = e^{\xi\hat{A}}\hat{C}_n e^{-\xi\hat{A}} \tag{3}$$

根据 Taylor 公式,

$$f(1) = f(0) + \sum_{n=1}^{\infty} \frac{1}{n!}\left[\frac{\mathrm{d}^n}{\mathrm{d}\xi^n}f(\xi)\right]_{\xi=0} \tag{4}$$

而由式(3),令 $\xi\to 0$ 即得

$$\left[\frac{\mathrm{d}^n}{\mathrm{d}\xi^n} f(\xi)\right]_{\xi=0} = \hat{C}_n \tag{5}$$

代入式(4),并顾及式(2),即得

$$\mathrm{e}^{\hat{A}}\hat{B}\mathrm{e}^{-\hat{A}} = \hat{C}_0 + \sum_{n=1}^{\infty} \frac{1}{n!}\hat{C}_n = \sum_{n=0}^{\infty} \frac{1}{n!}\hat{C}_n \tag{6}$$

亦即

$$\mathrm{e}^{\hat{A}}\hat{B}\mathrm{e}^{-\hat{A}} = \hat{B} + [\hat{A},\hat{B}] + \frac{1}{2!}[\hat{A},[\hat{A},\hat{B}]] + \frac{1}{3!}[\hat{A},[\hat{A},[\hat{A},\hat{B}]]] + \cdots \tag{6'}$$

第4章　力学量随时间的演化与对称性

4.2　解答与分析见《量子力学习题精选与剖析》[下]，7.1题.

7.1　考虑由两个全同粒子组成的体系. 设可能的单粒子态为 ϕ_1、ϕ_2、ϕ_3，试求体系的可能态数目. 分三种情况讨论：(a)粒子为Bose子(Bose统计)；(b)粒子为Fermi子(Fermi统计)；(c)粒子为经典粒子(Boltzmann统计).

解　以符号△、○、□分别表示 ϕ_1、ϕ_2、ϕ_3 态. Bose子体系的量子态对于两个粒子的交换必须是对称的，Fermi子体系则必须是反对称的，经典粒子被认为是可区分的，体系状态没有对称性的限制.

当两个粒子处于相同的单粒子态时，体系的状态必然是交换对称的，这种状态只能出现于Bose子体系和经典粒子体系，体系波函数的构造方式为

$$\psi(1,2)=\phi_i(1)\phi_i(2),\quad i=1,2,3$$

当两个粒子处于不同的单粒子态(ϕ_i 和 ϕ_j，$i\neq j$)时，如果是经典粒子，有两种体系态，即

$$\psi(1,2)=\phi_i(1)\phi_j(2),\phi_i(2)\phi_j(1),\quad i\neq j$$

由单粒子态 ϕ_i 和 ϕ_j 可以构成对称和反对称的体系态各一种，即

$$\psi(1,2)=\frac{1}{\sqrt{2}}[\phi_i(1)\phi_j(2)\pm\phi_i(2)\phi_j(1)],\quad i\neq j$$

对称态适用于Bose子体系，反对称态适用于Fermi子体系.

对于两粒子体系来说，Bose子体系的可能态总数与Fermi子体系的可能态总数之和，显然正好等于经典粒子(可区分粒子)体系的可能态总数. 如可能的单粒子态为 k 个，则三种两粒子体系的可能态数目如下：

经典粒子　$N=k^2$

Fermi子　$N=\frac{1}{2}k(k-1)$

Bose子　$N=\frac{1}{2}k(k+1)$

本题 $k=3$，Fermi子、Bose子、经典粒子体系的可能态数目分别为3、6、9. 体系态的构造方式如下：

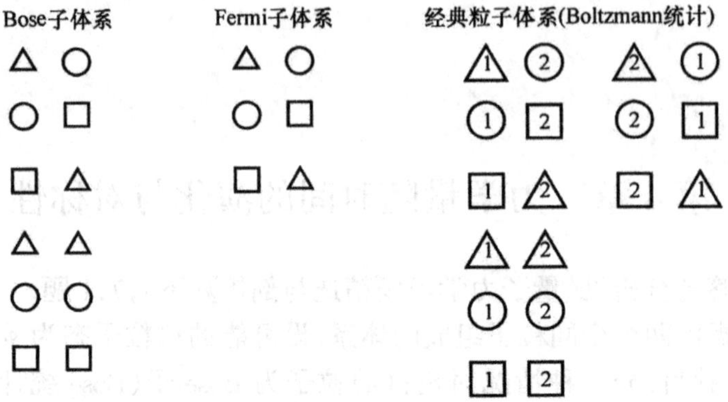

Bose 子体系态(共 6 种,均为交换对称态)有

$$\phi_1(1)\phi_1(2),\phi_2(1)\phi_2(2),\phi_3(1)\phi_3(2)$$

$$\frac{1}{\sqrt{2}}[\phi_i(1)\phi_j(2)+\phi_i(2)\phi_j(1)],\quad i,j=1,2,3,i\neq j$$

Fermi 子体系态(反对称态)只有 3 种:

$$\frac{1}{\sqrt{2}}[\phi_i(1)\phi_j(2)-\phi_i(2)\phi_j(1)],\quad i,j=1,2,3,i\neq j$$

当全同粒子体系的粒子数超过两个时,一般来说,对于粒子间的交换完全对称的状态(适用于 Bose 子)数目与完全反对称的状态(适用于 Fermi 子)数目之和,总是小于没有对称性限制的体系状态(适用于经典粒子)总数.亦即,后者除了完全对称态和完全反对称态,还有一些没有对称性或只有混杂对称性的状态.例如,由三个全同粒子组成的体系,如可能的单粒子态有 3 种,则在 Boltzmann 统计、Bose 统计、Fermi 统计下,体系的可能态数目分别为 27、10 和 1.

4.7 证明见《量子力学习题精选与剖析》[下],5.1 题.

5.1 设量子体系的束缚态能级和归一化能量本征态分别为 E_n 和 ψ_n(n 为量子数或编号数),设 λ 为 Hamilton 算符 H 含有的任何一个参数.证明

$$\frac{\partial E_n}{\partial \lambda}=\left\langle \psi_n \left| \frac{\partial H}{\partial \lambda} \right| \psi_n \right\rangle \tag{1}$$

这称为 Feynman-Hellmann 定理.以后简称 F-H 定理.

证 ψ_n 满足能量本征方程

$$(H-E_n)\mid\psi_n\rangle=0 \tag{2}$$

其共轭方程为

$$\langle\psi_n\mid(H-E_n)=0 \tag{2'}$$

视 λ 为参变量,式(2)对 λ 求导,得到

$$\left(\frac{\partial H}{\partial \lambda}-\frac{\partial E_n}{\partial \lambda}\right)\left|\psi_n\right\rangle+\left(H-E_n\right)\frac{\partial}{\partial \lambda}\left|\psi_n\right\rangle=0 \tag{3}$$

以$\langle\psi_n|$左乘式(3),利用式(2′)和归一化条件$\langle\psi_n|\psi_n\rangle=1$,即得式(1).

4.8 证明见《量子力学习题精选与剖析》[下],2.1题.

2.1 给定总能量算符 $H(\boldsymbol{r},\boldsymbol{p})$,以 E_n、ψ_n 表示其本征值和本征函数.态矢量$|\psi_n\rangle$简记为$|n\rangle$.

按照 Heisenberg 运动方程,力学量算符 $A(\boldsymbol{r},\boldsymbol{p})$的时间变化率为

$$\frac{\mathrm{d}A}{\mathrm{d}t}=\frac{1}{\mathrm{i}\hbar}[A,H]=\frac{1}{\mathrm{i}\hbar}(AH-HA) \tag{1}$$

定义能量表象中矩阵元

$$A_{kn}\equiv\langle\psi_k|A|\psi_n\rangle\equiv\langle k|A|n\rangle \tag{2}$$

证明

$$\left(\frac{\mathrm{d}A}{\mathrm{d}t}\right)_{kn}=\mathrm{i}\omega_{kn}A_{kn} \tag{3}$$

其中

$$\omega_{kn}=(E_k-E_n)/\hbar$$

证 ψ_n 满足本征方程

$$H|\psi_n\rangle=E_n|\psi_n\rangle \tag{4}$$

其共轭方程为

$$\langle\psi_n|H=E_n\langle\psi_n| \tag{4′}$$

式(1)两端取能量表象中矩阵元,即得

$$\begin{aligned}\left(\frac{\mathrm{d}A}{\mathrm{d}t}\right)_{kn}&=\frac{1}{\mathrm{i}\hbar}\langle\psi_k|AH-HA|\psi_n\rangle\\&=\frac{1}{\mathrm{i}\hbar}(E_n-E_k)\langle\psi_k|A|\psi_n\rangle\\&=\mathrm{i}\omega_{kn}A_{kn}\end{aligned}$$

此即式(3).

4.9 证明见《量子力学习题精选与剖析》[下],2.2题.

2.2 设 $H=\boldsymbol{p}^2/2\mu+V(\boldsymbol{r})$,证明求和规则

$$\sum_n(E_n-E_k)|x_{nk}|^2=\hbar^2/2\mu \tag{1}$$

证 利用算符 x 的 Heisenberg 运动方程,可得

$$\frac{\mathrm{d}x}{\mathrm{d}t}=\frac{1}{\mathrm{i}\hbar}[x,H]=\frac{1}{2\mathrm{i}\hbar\mu}[x,\boldsymbol{p}^2]=\frac{p_x}{\mu} \tag{2}$$

取矩阵元,并利用上题结果,即得

$$(p_x)_{kn} = \mathrm{i}\mu\omega_{kn}x_{kn} \tag{3}$$

再利用基本对易式

$$[x,p_x] = xp_x - p_x x = \mathrm{i}\hbar \tag{4}$$

在能量本征态 $|k\rangle$ 下求平均值,即得

$$\begin{aligned}
\mathrm{i}\hbar &= (xp_x)_{kk} - (p_x x)_{kk} = \sum_n [x_{kn}(p_x)_{nk} - (p_x)_{kn}x_{nk}] \\
&= \mathrm{i}\mu \sum_n (\omega_{nk}x_{kn}x_{nk} - \omega_{kn}x_{kn}x_{nk}) \\
&= 2\mathrm{i}\mu \sum_n \omega_{nk} \mid x_{nk} \mid^2 \\
&= \frac{2\mathrm{i}\mu}{\hbar} \sum_n (E_n - E_k) \mid x_{nk} \mid^2
\end{aligned}$$

两端各乘 $(-\mathrm{i}\hbar/2\mu)$,即得式(1).

$\boldsymbol{r}$ 的另外两个分量 y 和 z 的矩阵元,显然也有同样的求和规则.注意,式(1)中 E_k 可以是任何一个特定的能级,$\sum\limits_n$ 则遍及所有能态.

4.10 证明见《量子力学习题精选与剖析》[下],2.4 题.

2.4 设 $F(\boldsymbol{r},\boldsymbol{p})$ 为厄米算符,证明在能量表象中下式成立:

$$\sum_n (E_n - E_k) \mid F_{nk} \mid^2 = \frac{1}{2}\langle k \mid [F,[H,F]] \mid k\rangle \tag{1}$$

证 式(1)左端为

$$\begin{aligned}
\sum_n (E_n - E_k) \mid F_{nk} \mid^2 &= \sum_n (E_n - E_k)\langle k \mid F \mid n\rangle\langle n \mid F \mid k\rangle \\
&= \sum_n \langle k \mid F \mid n\rangle\langle n \mid (HF - FH) \mid k\rangle \\
&= \langle k \mid F[H,F] \mid k\rangle
\end{aligned} \tag{2}$$

计算中利用了公式

$$\sum_n \mid n\rangle\langle n \mid = 1 \tag{3}$$

由于 H、F 是厄米算符,有下列算符关系:

$$[H,F]^+ = [F,H] = -[H,F] \tag{4}$$

式(2)取共轭,得到

$$\sum_n (E_n - E_k) \mid F_{nk} \mid^2 = -\langle k \mid [H,F]F \mid k\rangle \tag{2'}$$

和式(2)相加,即得式(1).

第5章 中心力场

5.6 详细计算见《量子力学习题精选与剖析》[上],5.17题.

5.17 对于类氢离子(核电荷 Ze)的 $l=n-1(n_r=0)$状态,计算

(a)最概然半径 $r_{概}$;

(b)平均半径$\langle r\rangle$;

(c)涨落 Δr,并和$\langle r\rangle$比较.

解 类氢离子中电子波函数 ψ_{nlm}可以表示成

$$\psi_{nlm} = R_{n_r l}(r)Y_{lm}(\theta,\varphi) = \frac{1}{r}u_{n_r l}(r)Y_{lm}(\theta,\varphi) \tag{1}$$

(a)最概然半径由径向概率分布的极值条件

$$\frac{\mathrm{d}}{\mathrm{d}r}u_{n_r l}(r) = 0 \tag{2}$$

决定. $l=n-1$ 时, $n_r=0$,

$$u_{0,n-1}(r) = Cr^n \mathrm{e}^{-Zr/na_0} \tag{3}$$

利用极值条件(2),容易求得

$$r_{概} = n^2 a_0/Z \tag{4}$$

这结果和 Bohr 量子论中圆轨道的半径公式一致.

(b) r 的平均值已在题5.9中普遍算出.对于本题,

$$\langle r\rangle_{n,n-1,m} = \left(n^2+\frac{n}{2}\right)a_0/Z \tag{5}$$

(c) r^2 的平均值也已在题5.9中算出.对于本题,

$$\begin{aligned}\langle r^2\rangle_{n,n-1,m} &= \left(n^4+\frac{3}{2}n^3+\frac{1}{2}n^2\right)\left(\frac{a_0}{Z}\right)^2 \\ &= n^2\left(n+\frac{1}{2}\right)(n+1)\left(\frac{a_0}{Z}\right)^2\end{aligned} \tag{6}$$

因此, r 的涨落为

$$\Delta r = [\langle r^2\rangle - \langle r\rangle^2]^{\frac{1}{2}} = \left(\frac{n^3}{2}+\frac{n^2}{4}\right)^{\frac{1}{2}} a_0/Z \tag{7}$$

$$\Delta r/\langle r\rangle = \sqrt{\frac{n}{2}}\Big/\sqrt{n^2+\frac{n}{2}} = 1/\sqrt{2n+1} \tag{8}$$

可见, n 越大, $\Delta r/\langle r\rangle$越小,量子力学的结果和 Bohr 量子化轨道的图像越加接近.

5.7 证明见《量子力学》,卷 Ⅰ,6.5 节,343 页,式(24).

证明

三维各向同性谐振子能级公式为 $E_N=(N+3/2)\hbar\omega$, $N=(2n_r+l)$, $n_r, l, N=0,1,2,\cdots$,所以

$$\frac{\partial E_N}{\partial l}=\frac{\partial E_N}{\partial N}=\hbar\omega$$

得

$$\left\langle\frac{1}{r^2}\right\rangle_{n_r lm}=\frac{1}{(l+1/2)}\frac{\mu\omega}{\hbar} \tag{24}$$

5.8 分析与解答见《量子力学习题精选与剖析》[上],5.8 题.

5.8 类氢离子(核电荷 Ze)中电子处于束缚态 ψ_{nlm},计算$\langle r^{\lambda}\rangle$, $\lambda=-1,-2,-3$.

解 已知类氢离子的能级为

$$E_{nlm}=E_n=-\frac{Z^2e^2}{2n^2a_0},\quad n=n_r+l+1 \tag{1}$$

其中 $a_0=\hbar^2/\mu e^2$ 为 Bohr 半径.根据位力定理,

$$\left\langle\frac{\boldsymbol{p}^2}{2\mu}\right\rangle_{nlm}=\left\langle\frac{r}{2}\frac{\mathrm{d}V}{\mathrm{d}r}\right\rangle_{nlm}=\frac{Ze^2}{2}\left\langle\frac{1}{r}\right\rangle_{nlm}=-\frac{1}{2}\langle V\rangle_{nlm} \tag{2}$$

所以

$$E_n=\frac{1}{2}\langle V\rangle_{nlm}=-\frac{Ze^2}{2}\left\langle\frac{1}{r}\right\rangle_{nlm}$$

$$\left\langle\frac{1}{r}\right\rangle_{nlm}=-\frac{2E_n}{Ze^2}=\frac{Z}{n^2a_0}.\quad n=1,2,3,\cdots \tag{3}$$

其次,ψ_{nlm}的球坐标表示式为

$$\psi_{nlm}(r,\theta,\varphi)=R_{nl}(r)\mathrm{Y}_{lm}(\theta,\varphi) \tag{4}$$

它是$(H,\boldsymbol{l}^2,l_z)$的共同本征函数,满足能量本征方程

$$-\frac{\hbar^2}{2\mu}\frac{1}{r}\frac{\partial^2}{\partial r^2}r\psi_{nlm}+\left[\frac{l(l+1)\hbar^2}{2\mu r^2}-\frac{Ze^2}{r}\right]\psi_{nlm}=E_n\psi_{nlm} \tag{5}$$

总能量算符等价于

$$H\to-\frac{\hbar^2}{2\mu}\frac{1}{r}\frac{\partial^2}{\partial r^2}r+l(l+1)\frac{\hbar^2}{2\mu r^2}-\frac{Ze^2}{r} \tag{6}$$

视 l 为参变量,式(6)对 l 求导,利用 F-H 定理(参阅下册,第五章),即得

$$\frac{\partial E_n}{\partial l}=\left\langle\frac{\partial H}{\partial l}\right\rangle_{nlm}=\left(l+\frac{1}{2}\right)\frac{\hbar^2}{\mu}\left\langle\frac{1}{r^2}\right\rangle_{nlm} \tag{7}$$

由于 $n=n_r+l+1$，所以

$$\frac{\partial E_n}{\partial l}=\frac{\partial E_n}{\partial n}=\frac{Z^2e^2}{n^3a_0} \tag{8}$$

代入式(7)，并利用 $a_0=\hbar^2/\mu e^2$，即得

$$\left\langle\frac{1}{r^2}\right\rangle_{nlm}=\frac{1}{\left(l+\frac{1}{2}\right)n^3}\frac{Z^2}{a_0^2} \tag{9}$$

最后，计算 $\langle r^{-3}\rangle$.

对于 s 态($l=0$)，$r\to0$ 处 $\psi\to C$(常数)，所以

$$\langle r^{-3}\rangle_{n00}\to\infty \tag{10}$$

当 $l\neq0$，利用题(5.7)式(7b)，即得

$$\left\langle\frac{1}{r^3}\right\rangle_{nlm}=\frac{Z}{l(l+1)a_0}\left\langle\frac{1}{r^2}\right\rangle_{nlm} \tag{11}$$

因此

$$\left\langle\frac{1}{r^3}\right\rangle_{nlm}=\frac{1}{n^3l\left(l+\frac{1}{2}\right)(l+1)}\left(\frac{Z}{a_0}\right)^3 \tag{12}$$

当 $l\to0$，上式右端 $\to\infty$，所以上式实际上适用于一切 l 值.

讨论 由于总能量算符及径向方程均与磁量子数 m 无关，所以 $\langle r^\lambda\rangle$ 与 m 无关. 但 $\langle r^{-1}\rangle$ 与角量子数 l 也无关，仅取决于主量子数 n. $\langle r^{-2}\rangle$ 及 $\langle r^{-3}\rangle$ 则与 n、l 均有关，亦即对于能级相同但"轨道形状"不同(l 不同)的各状态，$\langle r^{-2}\rangle$ 或 $\langle r^{-3}\rangle$ 具有不同的数值.

利用式(9)，易得 ψ_{nlm} 态下离心势能的平均值为

$$\left\langle\frac{l^2}{2\mu r^2}\right\rangle_{nlm}=\frac{l(l+1)Z^2e^2}{(2l+1)n^3a_0}=-E_n\frac{l(l+1)}{\left(l+\frac{1}{2}\right)n} \tag{13}$$

由于 $(-E_n)$ 为动能平均值，所以在动能中离心势能所占比例为 $l(l+1)\Big/\left(l+\frac{1}{2}\right)n$，当 n 确定后，l 越大，这个比例越大. 当 l 取最大值($l=n-1$)，这个比例为 $(n-1)\Big/\left(n-\frac{1}{2}\right)$，这时径向动能仅占动能的 $1/(2n-1)$. 所以，如 $n\gg1$，$(n,n-1,m)$ 态中径向动能就很小，这种状态相当于 Bohr 量子论中的圆形轨道.

***5.9** 分析与解答见《量子力学习题精选与剖析》[上]，5.20 题.

5.20 单价原子中价电子(最外层电子)所受原子实(原子核及内层电子)的作用势可以近似表示成

$$V(r)=-\frac{e^2}{r}-\lambda\frac{e^2a_0}{r^2},\quad 0<\lambda\ll 1 \tag{1}$$

a_0 为 Bohr 半径.求价电子的能级,并与氢原子能级作比较.

解 取守恒量完全集为$(H,\boldsymbol{l}^2,l_z)$,其共同本征函数为

$$\psi(r,\theta,\varphi)=R(r)Y_{lm}(\theta,\varphi)=\frac{u(r)}{r}Y_{lm}(\theta,\varphi) \tag{2}$$

$u(r)$满足径向方程

$$-\frac{\hbar}{2\mu}u''+\left[l(l+1)\frac{\hbar^2}{2\mu r^2}-\frac{e^2}{r}-\lambda\frac{e^2a_0}{r^2}\right]u=Eu \tag{3}$$

令

$$l(l+1)-2\lambda=l'(l'+1) \tag{4}$$

式(3)就可以化成

$$-\frac{\hbar^2}{2\mu}u''+\left[l'(l'+1)\frac{\hbar^2}{2\mu r^2}-\frac{e^2}{r}\right]u=Eu \tag{3'}$$

相当于氢原子径向方程中 l 换成l'.所以式(3′)的求解过程完全类似于氢原子问题.后者能级为

$$E_n=-\frac{e^2}{2n^2a_0},\quad n=n_r+l+1,\quad n_r=0,1,2,\cdots \tag{5}$$

将 l 换成l',即得价电子的能级:

$$E_{nl}=-\frac{e^2}{2(n')^2a_0},\quad n'=n_r+l'+1 \tag{6}$$

通常令

$$l'=l+\Delta_l \tag{7}$$

$$n'=n_r+l+\Delta_l+1=n+\Delta_l \tag{8}$$

Δ_l 称为量子数l 和n 的"修正数".由于 $\lambda\ll1$,可以对式(4)作如下近似处理:

$$\begin{aligned}l(l+1)-2\lambda&=l'(l'+1)=(l+\Delta_l)(l+\Delta_l+1)\\&=l(l+1)+(2l+1)\Delta_l+(\Delta_l)^2\end{aligned}$$

略去$(\Delta_l)^2$,即得

$$\Delta_l\approx-\lambda\Big/\left(l+\frac{1}{2}\right) \tag{9}$$

由于 $\lambda\ll1$,所以$|\Delta_l|\ll1$.因此,本题所得能级 E_{nl}和氢原子能级仅有较小的差别,但是能级的"l 简并"已经消除.式(6)和碱金属光谱的实验资料大体一致,尤其是,修正数$|\Delta_l|$随 l 之升高而减小,这一点和实验符合得极好.

式(4)的精确解为

$$l'=-\frac{1}{2}+\left(l+\frac{1}{2}\right)\left[1-\frac{8\lambda}{(2l+1)^2}\right]^{\frac{1}{2}} \tag{10}$$

如对上式作二项式展开,保留 λ 项,略去 λ^2 以上各项,即可得到式(9).

*$\mathbf{5.10}$ 分析与解答见《量子力学习题精选与剖析》[下],7.24 题.

7.24 在原子核的壳模型理论中,原子核被看成是在三维各向同性谐振子势 $V(r)=\dfrac{1}{2}m\omega^2r^2$ 中运动的全同粒子(中子或质子)系.讨论此全同粒子系的性质.

解

单粒子能级为

$$E_k=\left(k+\frac{3}{2}\right)\hbar\omega,\quad k=0,1,2,\cdots \tag{1}$$

简并度(计及核子自旋态)为 $f_k=(k+1)(k+2)$.设核子从 $k=0$ 能级开始,一直填满 $k=K$ 壳层,则核子(中子或质子)总数为①

$$\begin{aligned}N&=\sum_{k=0}^{K}(k+1)(k+2)=\frac{1}{3}(K+1)(K+2)(K+3)\\&\approx\frac{1}{3}k^3\quad(\text{对于 } K\gg1)\end{aligned}\tag{2}$$

体系的总能量为

$$\begin{aligned}E_t&=\sum_{k=0}^{K}f_kE_k=\sum_{k=0}^{K}(k+1)(k+2)(k+3/2)\hbar\omega\\&=\hbar\omega\sum_{k=0}^{K}\left[k^3+\frac{9}{2}k^2+\frac{13}{2}k+3\right]\\&=\hbar\omega\left[\frac{1}{8}K^6+\frac{3}{2}K^4+\frac{13}{4}K^2+3K\right]\\&\approx\frac{1}{8}\hbar\omega K^6\quad(\text{对于 } K\gg1)\propto N^2\omega\end{aligned}\tag{3}$$

每粒子的能量平均值为

$$\bar{E}=E_t/N\approx\frac{3}{8}K^3\hbar\omega\propto N\omega \tag{4}$$

Fermi 能量为 $E_F=(K+3/2)\hbar\omega$

$$\bar{E}/E_F\approx\frac{3}{8}K^2\propto N^{2/3} \tag{5}$$

---

① 这里利用了

$$\sum_{k=0}^{K}k=\frac{1}{2}K(K+1),\ \sum_{k=1}^{K}k^2=\frac{1}{6}K(K+1)(2K+1),\ \sum_{k=0}^{K}k^3=\left[\frac{1}{2}K(K+1)\right]^3.$$

此结果与三维方盒子(边长固定)中的核子气的性质大不相同(对于后者,$\bar{E}/E_F=\frac{3}{5}$,是常数).

根据位力定理,对于处于 E_k 能壳的核子

$$\frac{1}{2}m\omega^2\langle r^2\rangle_k=\frac{1}{2}E_k=\frac{1}{2}\left(k+\frac{3}{2}\right)\hbar\omega$$

所以$\langle r^2\rangle_k=\left(k+\frac{3}{2}\right)\hbar/m\omega$,而原子核的 r^2 平均值为

$$\begin{aligned}\langle r^2\rangle &= \frac{1}{N}\sum_{k=0}^{K}f_k\langle r^2\rangle_k = \frac{1}{N}\frac{\hbar}{2m\omega}\sum_{k=0}^{K}(k+1)(k+2)\left(k+\frac{3}{2}\right)\\ &= \frac{3}{4}(K+2)\,\hbar/m\omega \approx \frac{3}{4}K\,\hbar/m\omega\ (K\gg 1)\\ &\approx \frac{3^{2/3}}{4}N^{1/3}\,\hbar/m\omega \end{aligned} \tag{6}$$

核子在空间的平均密度为(设 Ω 为核体积)

$$n = N/\Omega \propto K^3/\langle r^2\rangle^{3/2} \propto K^{3/2}\omega^{3/2} \quad \propto N^{1/2}\omega^{3/2} \tag{7}$$

对于实际原子核,它是一个具有短程强相互作用的全同粒子体系,表现为核子的空间密度近似为常数(在这里,Pauli 原理及强短程作用起了关键作用).这样,作为它的一个近似模型,壳模型中的谐振子势的强度参数 ω 就不应该为常数.按(7)式,均匀空间密度的要求,可得

$$\omega \propto N^{-1/3} \tag{8}$$

对于轻核,中子数 $N=$ 质子数 Z,核子总数 $A=N+Z=2N$,因此

$$\omega \propto A^{-1/3} \tag{9}$$

这正是核壳模型理论中习惯采用的关系式.在这种假定下,原子核的$\langle r^2\rangle \propto A^{1/3}/\omega \propto A^{2/3}$,因而核半径 $R\propto\sqrt{\langle r^2\rangle}\propto A^{1/3}$,即核半径的 $A^{1/3}$律.

5.11 分析与解答见《量子力学习题精选与剖析》[上],3.9 题.

3.9 二维各向同性谐振子,势能为

$$V=\frac{1}{2}\mu\omega^2(x^2+y^2)=\frac{1}{2}\mu\omega^2\rho^2$$

μ 为粒子质量.(a)在直角坐标系(x,y)中写出能级和能量本征函数,讨论本征态的宇称和简并度;(b)在平面极坐标系(ρ,φ)中求能级和能量本征函数.

解 (a)在直角坐标系中,能量算符可以写成

$$H = H_1 + H_2 \tag{1}$$

$$H_1 = -\frac{\hbar^2}{2\mu}\frac{\partial^2}{\partial x^2}+\frac{1}{2}\mu\omega^2 x^2$$

$$H_2 = -\frac{\hbar^2}{2\mu}\frac{\partial^2}{\partial y^2} + \frac{1}{2}\mu\omega^2 y^2 \tag{2}$$

显然 H、H_1、H_2 互相对易，而且都是守恒量. H_1 或 H_2 的本征值问题，即一维谐振子的能量本征值问题，结论是众所周知的：

$$\begin{aligned} E_{n_1} &= \left(n_1 + \frac{1}{2}\right)\hbar\omega, \\ & \qquad\qquad n_1 = 0,1,2,\cdots \\ \psi_{n_1}(x) &= H_{n_1}(\alpha x)\mathrm{e}^{-\alpha^2 x^2/2}, \\ E_{n_2} &= \left(n_2 + \frac{1}{2}\right)\hbar\omega, \\ & \qquad\qquad n_2 = 0,1,2,\cdots \\ \psi_{n_2}(y) &= H_{n_2}(\alpha y)\mathrm{e}^{-\alpha^2 y^2/2}, \end{aligned} \tag{3}$$

其中 $H_n(\xi)$是 Hermite 多项式(n 次多项式)，$\alpha = \sqrt{\mu\omega/\hbar}$.

H 的本征函数和本征值显然是

$$\psi_{n_1 n_2}(x, y) = \psi_{n_1}(x)\psi_{n_2}(y) \tag{4}$$

$$\begin{aligned} E &= (n_1 + n_2 + 1)\hbar\omega = (N+1)\hbar\omega = E_N \\ N &= n_1 + n_2 = 0,1,2,\cdots \end{aligned} \tag{5}$$

N 给定后，(n_1, n_2)显然有下列$(N+1)$种可能组合方式：

$$\begin{matrix} n_1 = 0 & 1 & 2 & \cdots N \\ n_2 = N & N-1 & N-2 & \cdots 0 \end{matrix}$$

故能级 E_N 的简并度为$(N+1)$. 与 E_N 相应的$(N+1)$个本征态的宇称显然均为

$$(-1)^{n_1+n_2} = (-1)^N \tag{6}$$

基态($n_1 = n_2 = 0, N = 0$)为偶宇称.

(b)平面极坐标和直角坐标的关系为

$$\begin{cases} x = \rho\cos\varphi, \\ y = \rho\sin\varphi, \end{cases} \qquad \begin{cases} \rho = \sqrt{x^2 + y^2} \\ \varphi = \arctan(y/x) \end{cases}$$

在极坐标系中，H 可以写成

$$H = -\frac{\hbar^2}{2\mu}\left(\frac{\partial^2}{\partial\rho^2} + \frac{1}{\rho}\frac{\partial}{\partial\rho} + \frac{1}{\rho^2}\frac{\partial^2}{\partial\varphi^2}\right) + \frac{1}{2}\mu\omega^2\rho^2 \tag{7}$$

守恒量完全集可以选$\left(H, -\mathrm{i}\hbar\frac{\partial}{\partial\varphi}\right)$，后者即三维问题中的轨道角动量 z 分量 l_z. $\left(H, -\mathrm{i}\hbar\frac{\partial}{\partial\varphi}\right)$的共同本征函数可以表示成

$$\psi = R(\rho)\mathrm{e}^{\mathrm{i}m\varphi}, \quad m = 0, \pm 1, \pm 2, \cdots \tag{8}$$

当$(x, y) \to (-x, -y)$，ρ 不变，$\varphi \to \varphi + \pi$，而

$$\psi(\rho, \varphi + \pi) = R(\rho)\mathrm{e}^{\mathrm{i}m(\varphi+\pi)} = (-1)^m\psi(\rho, \varphi) \tag{9}$$

所以波函数的宇称为$(-1)^m$.

将式(8)代入能量本征方程

$$H\psi=E\psi$$

易得 $R(\rho)$满足的径向方程为

$$\frac{\mathrm{d}^2R}{\mathrm{d}\rho^2}+\frac{1}{\rho}\frac{\mathrm{d}R}{\mathrm{d}\rho}+\left(\frac{2\mu E}{\hbar^2}-\alpha^4\rho^2-\frac{m^2}{\rho^2}\right)R=0 \tag{10}$$

仿照一维谐振子和氢原子问题,不难确定 $R(\rho)$的极限行为是

$$\rho\to0,\quad R(\rho)\to\rho^{|m|}$$

$$\rho\to\infty,\quad R(\rho)\sim\mathrm{e}^{-\alpha^2\rho^2/2}$$

因此可令

$$R(\rho)=\rho^{|m|}u(\rho)\mathrm{e}^{-\alpha^2\rho^2/2} \tag{11}$$

即

$$\psi=\rho^{|m|}u(\rho)\mathrm{e}^{-\alpha^2\rho^2/2}\mathrm{e}^{\mathrm{i}m\varphi} \tag{12}$$

能谱、宇称、简并度等物理量应该和坐标系的选择无关,因此,在极坐标系中,能级仍应为 E_N,相应的本征函数的宇称仍应为$(-1)^N$.比较关于宇称的两种结果,可知

$$N-m=偶数 \tag{13}$$

至于极坐标系中的能量本征函数,当然不一定简单地直接等于式(4)所表示的 $\psi_{n_1n_2}(x,y)$,但是一定可以表示成它们的线性叠加.由式(3)和(4)可知,和能级 E_N 相应的能量本征函数的普遍形式是

$$(x,y\text{ 的 }N\text{ 次多项式})\times\mathrm{e}^{-\alpha^2(x^2+y^2)/2}$$

而在式(12)中,

$$\rho^{|m|}\mathrm{e}^{\mathrm{i}m\varphi}=\rho^{|m|}(\cos m\varphi+\mathrm{i}\sin m\varphi)=(x,y\text{ 的}|m|\text{次多项式})$$

因此 $u(\rho)$必可表示成(x,y)的$(N-|m|)$次多项式.但是,只有 ρ 的偶次幂才能表示成(x,y)的多项式,ρ 的奇次幂则不能.因此可以进一步断定,$u(\rho)$必为 ρ^2 的 n 次多项式,而

$$N-|m|=2n,\quad n=0,1,2,\cdots \tag{14}$$

基于以上分析,令

$$\varepsilon=E/\hbar\omega,\quad \xi=\alpha^2\rho^2$$

和式(11)一起代入式(10),得到 u 满足的方程是

$$\xi\frac{\mathrm{d}^2u}{\mathrm{d}\xi^2}+(|m|+1-\xi)\frac{\mathrm{d}u}{\mathrm{d}\xi}-\frac{1}{2}(|m|+1-\varepsilon)u=0 \tag{15}$$

这正是合流超几何方程.在 $\xi\to0$ 处有限的解为

$$u=F\left(\frac{|m|+1-\varepsilon}{2},|m|+1,\xi\right) \tag{16}$$

$F(a,c,\xi)$为合流超几何级数,定义为

$$F(a,c,\xi) = 1 + \frac{a}{c}\xi + \frac{a(a+1)}{c(c+1)}\frac{\xi^2}{2!} + \cdots \tag{17}$$

当 $a=-n$,则 $F(a,c,\xi)$中断成 n 次多项式.由于 $u(\rho)$必须是 ρ^2 的 n 次多项式,即 ξ 的 n 次多项式,因此

$$\frac{1}{2}(|m|+1-\varepsilon) = -n$$

$$\varepsilon = 2n+|m|+1 = N+1 \tag{18}$$

$$E = (2n+|m|+1)\hbar\omega = (N+1)\hbar\omega \tag{19}$$

本征函数[式(12)]现在可以写成

$$\psi_{nm}(\rho,\varphi) = |\rho|^m F(-n,|m|+1,\alpha^2\rho^2)\mathrm{e}^{-\alpha^2\rho^2/2}\mathrm{e}^{im\varphi} \tag{20}$$

给定 N 后,$|m|$,n 的可能取值为

$$\begin{aligned} N = \text{偶数}, \quad & |m| = N, N-2, \cdots, 0 \\ & n = 0,\ 1,\ \cdots, N/2 \\ N = \text{奇数}, \quad & |m| = N, N-2, \cdots, 1 \\ & n = 0,\ 1,\ \cdots, (N-1)/2 \end{aligned} \tag{21}$$

注意,除$|m|=0$外,对于任何$|m|\geqslant 1$,均有两个相应的 m 值($m=|m|,-|m|$),因此,无论 N 是偶数还是奇数,能级 E_N 的简并度都是$(N+1)$.

5.12 分析与解答见《量子力学习题精选与剖析》[下],7.14 题.

7.14 粒子在二维谐振子势场中运动,讨论能级的简并度.

解 二维谐振子势的一般形式为

$$V(x,y) = \frac{\mu}{2}(\omega_x^2 x^2 + \omega_y^2 y^2) \tag{1}$$

能量本征方程为

$$H\psi = -\frac{\hbar^2}{2\mu}\left(\frac{\partial^2}{\partial x^2} + \frac{\partial^2}{\partial y^2}\right)\psi + \frac{\mu}{2}(\omega_x^2 x^2 + \omega_y^2 y^2)\psi = E\psi \tag{2}$$

由于可以分离变量,其能级可以利用一维谐振子的结果而得出,为

$$E_{n_x n_y} = \left(n_x + \frac{1}{2}\right)\hbar\omega_x + \left(n_y + \frac{1}{2}\right)\hbar\omega_y$$

$$n_x, n_y = 0,1,2,\cdots \tag{3}$$

如 ω_x/ω_y 为无理数,则所有能级都是非简并的、为便于讨论,令

$$\omega_x = (1-\varepsilon)\omega_0, \quad \omega_y = (1+\varepsilon)\omega_0 \tag{4}$$

则

$$\omega_0 = \frac{1}{2}(\omega_x + \omega_y) \tag{5}$$

$$\varepsilon = (\omega_y - \omega_x)/2\omega_0 = (\omega_y - \omega_x)/(\omega_y + \omega_x) \tag{6}$$

$$\omega_x\omega_y = (1 - \varepsilon^2)\omega_0^2 \tag{7}$$

ε 称为形变度(注意,$|\varepsilon|<1$).当 $\varepsilon=0,\omega_x=\omega_y=\omega_0$,成为二维各向同性谐振子.这种对称性导致能级简并,能级公式为

$$E_n = (n+1)\hbar\omega_0, \quad n = n_x + n_y = 0,1,2,\cdots \tag{8}$$

能级值取决于 n_x,n_y 的一种特殊组合 $n=n_x+n_y$,给定 n 后,(n_x,n_y)有$(n+1)$种组合方式,所以能级 E_n 的简并度为$(n+1)$,它比一般的二维中心力场 $V(\rho)$ $(\rho=\sqrt{x^2+y^2})$的能级简并度(等于 2,但基态不简并)高.其原因是二维各向同性谐振子势 $V(\rho)\propto\rho^2$,具有比一般中心力场的 O_2 对称性更高的对称性(SU_2).

如 ω_x/ω_y 为有理数,能级仍可能简并.特别是当

$$\omega_x/\omega_y=1/2,1/3,\cdots$$

等简单分数时,低激发能级就会出现简并.

以 $\omega_x/\omega_y=1/2$(即 $\varepsilon=1/3$)为例,能级为

$$E_N = \frac{2}{3}\left(n_x + 2n_y + \frac{3}{2}\right)\hbar\omega_0 = \frac{2}{3}\left(N + \frac{3}{2}\right)\hbar\omega_0$$

$$N = n_x + 2n_y = 0,1,2,\cdots \tag{9}$$

能级取决于 n_x、n_y 的特殊组合 $N=n_x+2n_y$.能级简并度为

$$f_N = \begin{cases} \dfrac{N}{2}+1, & N = 0,2,4,\cdots \\ \dfrac{N+1}{2}, & N = 1,3,5,\cdots \end{cases} \tag{10}$$

有些书上将这种简并称为“偶然简并”,其实这种简并仍是系统地出现,是体系的某种对称性的反映.

[*]**5.13** 分析及解答见《量子力学》,卷Ⅰ,6.6.1 节,345~347 页.

解 采用平面极坐标,Coulomb 势表示为

$$V(\rho) = -\frac{\kappa}{\rho} \quad (\kappa = Ze^2, Z = 1,2,3,\cdots) \tag{1}$$

Schrödinger 方程表示为

$$\left[-\frac{\hbar^2}{2\mu}\left(\frac{1}{\rho}\frac{\partial}{\partial\rho}\rho\frac{\partial}{\partial\rho} + \frac{1}{\rho^2}\frac{\partial^2}{\partial\varphi^2}\right) - \frac{\kappa}{\rho}\right]\psi = E\psi \quad (E<0,\text{束缚态}) \tag{2}$$

显然 $l_z=-\mathrm{i}\hbar\dfrac{\partial}{\partial\varphi}$是守恒量.取 ψ 为守恒量完全集(H,l_z)的共同本征态,即令

$$\psi(\rho,\varphi) = \mathrm{e}^{\mathrm{i}m\varphi}R(\rho), \quad m = 0,\pm1,\pm2,\cdots \tag{3}$$

则径向方程表示为(自然单位,$\hbar=\mu=\kappa=1$)

$$\left[\frac{\mathrm{d}^2}{\mathrm{d}\rho^2}+\frac{1}{\rho}\frac{\mathrm{d}}{\mathrm{d}\rho}-\frac{m^2}{\rho^2}+\left(2E+\frac{2}{\rho}\right)\right]R(\rho)=0 \tag{4}$$

$\rho=0,\infty$为方程的奇点.

在 $\rho\to 0$ 时,方程(4)渐近地表示为

$$\left(\frac{\mathrm{d}^2}{\mathrm{d}\rho^2}+\frac{1}{\rho}\frac{\mathrm{d}}{\mathrm{d}\rho}-\frac{m^2}{\rho^2}\right)R(\rho)=0 \tag{5}$$

令 $R\propto\rho^s$ 代入上式,得

$$s^2-m^2=0$$

所以

$$s=\pm|m| \tag{6}$$

可以证明,$\rho\to 0$ 时渐近行为 $R\propto\rho^{-|m|}$ 的解是物理上不能接受的,予以抛弃.

当 $\rho\to\infty$时,方程(4)化为

$$\left(\frac{\mathrm{d}^2}{\mathrm{d}\rho^2}+\frac{1}{\rho}\frac{\mathrm{d}}{\mathrm{d}\rho}+2E\right)R(\rho)=0(E<0) \tag{7}$$

可以看出,$R(\rho)\propto\exp[\pm\sqrt{-2E}\rho]$,但满足束缚态边条件的解只能是 $R(\rho)\propto\exp[-\sqrt{-2E}\rho]$. 因此,我们令

$$R(\rho)=\rho^{|m|}\mathrm{e}^{-\beta\rho}u(\rho) \tag{8}$$

其中

$$\beta=\sqrt{-2E}\quad(E<0) \tag{9}$$

代入式(4),得

$$\rho\frac{\mathrm{d}^2u}{\mathrm{d}\rho^2}+(2|m|+1-2\beta\rho)\frac{\mathrm{d}u}{\mathrm{d}\rho}+[2-(2|m|+1)\beta]u=0 \tag{10}$$

令

$$\xi=2\beta\rho \tag{11}$$

得

$$\xi\frac{\mathrm{d}^2u}{\mathrm{d}\xi^2}+(2|m|+1-\xi)\frac{\mathrm{d}u}{\mathrm{d}\xi}-\left[(|m|+1/2)-\frac{1}{\beta}\right]u=0 \tag{12}$$

这正是合流超几何方程(见《量子力学》卷Ⅰ,附录5). 它在 $\xi\approx 0$ 邻域的解析解表为 $F(\alpha,\gamma,\xi)$,相应参数

$$\alpha=|m|+\frac{1}{2}-\frac{1}{\beta},\quad \gamma=2|m|+1 \tag{13}$$

束缚态边条件要求

$$\alpha=-n_\rho,\quad n_\rho=0,1,2,\cdots \tag{14}$$

因此有

$$\beta=\frac{1}{n_\rho+|m|+1/2}$$

代入式(9),即得出能量本征值,为(自然单位)

$$E = -\frac{1}{2n_2^2}, n_2 = n_\rho + |m| + \frac{1}{2} = \frac{1}{2}, \frac{3}{2}, \frac{5}{2}, \cdots \tag{15}$$

相应的波函数(未归一化)表示为

$$\psi_{n_\rho m}(\rho, \varphi) \propto e^{im\varphi} \rho^{|m|} e^{-\rho/n_2} F\left(-n_\rho, 2|m|+1, \frac{2\rho}{n_2}\right) \tag{16}$$

$$m = 0, \pm 1, \pm 2, \cdots, \quad n_\rho = 0, 1, 2, \cdots$$

$$n_2 = n_\rho + |m| + \frac{1}{2} = \frac{1}{2}, \frac{3}{2}, \frac{5}{2}, \cdots$$

容易证明能级简并度为

$$f_{n_2} = 2n_2 = 1, 3, 5, \cdots \tag{17}$$

第6章　电磁场中粒子的运动

6.2　详细计算与分析见《量子力学习题精选与剖析》[上],3.10题.

3.10　质量 μ,电荷 q,自旋为0的非相对论性粒子,在均匀磁场 $\boldsymbol{B}=\nabla\times\boldsymbol{A}$ 中运动,求能量本征值.

解　以磁场 $\boldsymbol{B}$ 的方向为 z 轴,并取

$$\boldsymbol{A}=\frac{1}{2}\boldsymbol{B}\times\boldsymbol{r}=\left(-\frac{B}{2}y,\frac{B}{2}x,0\right) \tag{1}$$

Hamilton 算符为

$$H=\frac{1}{2\mu}\left(\boldsymbol{p}-\frac{q}{c}\boldsymbol{A}\right)^2=\frac{\mu}{2}\boldsymbol{v}^2 \tag{2}$$

其中

$$\boldsymbol{v}=\frac{1}{\mu}\left(\boldsymbol{p}-\frac{q}{c}\boldsymbol{A}\right) \tag{3}$$

是速度算符.容易求出 v 的各分量间的对易式为

$$\begin{aligned}[v_x,v_y]&=-\frac{q}{\mu^2c}([p_x,A_y]+[A_x,p_y])\\&=\mathrm{i}\frac{\hbar q}{\mu^2c}\left(\frac{\partial A_y}{\partial x}-\frac{\partial A_x}{\partial y}\right)=\mathrm{i}\frac{\hbar qB}{\mu^2c}\\ [v_x,v_z]&=0\\ [v_y,v_z]&=0\end{aligned} \tag{4}$$

如 $q>0$,令

$$Q=\left(\frac{\mu^2c}{\hbar|q|B}\right)^{\frac{1}{2}}v_x,\quad P=\left(\frac{\mu^2c}{\hbar|q|B}\right)^{\frac{1}{2}}v_y \tag{5}$$

(如 $q<0$,则 Q、P 的定义互换.)显然就有关系

$$[Q,P]=\mathrm{i} \tag{6}$$

而 Hamilton 算符则可以写成

$$\begin{aligned}H&=\frac{\hbar|q|B}{2\mu c}(Q^2+P^2)+\frac{1}{2\mu}p_z^2\\&=\frac{1}{2}\hbar\omega(Q^2+P^2)+\frac{1}{2\mu}p_z^2\end{aligned} \tag{7}$$

其中 $\omega=|q|B/\mu c$,$\omega/2$ 即经典 Larmor 频率.p_z(即 μv_z)和 Q,P 对易.式(7)中第

一项以及对易式(6)和一维谐振子完全类似(参看题 3.1),其本征值为

$$\left(n+\frac{1}{2}\right)\hbar\omega,\quad n=0,1,2,\cdots \tag{8}$$

p_z 的本征值则可以连续变化,$-\infty<p_z<\infty$.因此,总能量本征值为

$$\begin{aligned} &E=\left(n+\frac{1}{2}\right)\hbar\omega+\frac{1}{2\mu}p_z^2\\ &n=0,1,2,\cdots,\quad -\infty<p_z<\infty\\ &\omega=|q|B/\mu c \end{aligned} \tag{9}$$

6.3 详细计算与分析见《量子力学习题精选与剖析》[上],3.13 题.

3.13 质量 μ、电荷 q 的粒子在方向互相垂直的均匀电场$\mathscr{E}$和均匀磁场 $\boldsymbol{B}$ 中运动,求能级和能量本征函数.

解 以电场方向为 x 轴,磁场方向为 z 轴,则

$$\boldsymbol{\mathscr{E}}=(\mathscr{E},0,0),\quad \boldsymbol{B}=(0,0,B) \tag{1}$$

取电磁场的标势和矢势为

$$\phi=-\mathscr{E}x,\quad \boldsymbol{A}=(0,Bx,0) \tag{2}$$

满足关系

$$\boldsymbol{\mathscr{E}}=-\nabla\phi,\qquad \boldsymbol{B}=\nabla\times\boldsymbol{A}$$

粒子的 Hamilton 量为

$$H=\frac{1}{2\mu}\left[p_x^2+\left(p_y-\frac{qB}{e}x\right)^2+p_z^2\right]-q\mathscr{E}x \tag{3}$$

取守恒量完全集为(H,p_y,p_z),它们的共同本征函数可以写成

$$\psi(x,y,z)=\psi(x)\mathrm{e}^{\mathrm{i}(p_y y+p_z z)/\hbar} \tag{4}$$

其中 p_y 和 p_z 为本征值,可取任意实数.

$\psi(x,y,z)$满足能量本征方程

$$H\psi(x,y,z)=E\psi(x,y,z)$$

因此 $\psi(x)$满足方程

$$\frac{1}{2\mu}\left[p_x^2+\left(p_y-\frac{qB}{c}x\right)^2+p_z^2\right]\psi-q\mathscr{E}x\psi=E\psi \tag{5}$$

亦即,对于 $\psi(x)$来说,H 和下式等价:

$$\begin{aligned} H\Rightarrow&-\frac{\hbar^2}{2\mu}\frac{\partial^2}{\partial x^2}+\frac{q^2B^2}{2\mu c^2}x^2\\ &-\left(q\mathscr{E}+\frac{qB}{\mu c}p_y\right)x+\frac{1}{2\mu}(p_y^2+p_z^2)\\ =&-\frac{\hbar^2}{2\mu}\frac{\partial^2}{\partial x^2}+\frac{q^2B^2}{2\mu c^2}(x-x_0)^2 \end{aligned}$$

$$-\frac{q^2B^2}{2\mu c^2}x_0^2+\frac{1}{2\mu}(p_y^2+p_z^2) \tag{6}$$

其中

$$x_0=\frac{\mu c^2}{q^2B^2}\left(q\mathscr{E}+\frac{qB}{\mu c}p_y\right)=\frac{\mu c}{qB}\left(\frac{c\mathscr{E}}{B}+\frac{p_y}{\mu}\right) \tag{7}$$

式(6)相当于一维谐振子能量算符

$$-\frac{\hbar^2}{2\mu}\frac{\partial^2}{\partial x^2}+\frac{1}{2}\mu\omega^2(x-x_0)^2,\quad \omega=|q|B/\mu c$$

再加上两项常数.因此,本题能级为

$$\begin{aligned}E&=\left(n+\frac{1}{2}\right)\hbar\omega-\frac{q^2B^2}{2\mu c^2}x_0^2+\frac{1}{2\mu}(p_y^2+p_z^2)\\&=\left(n+\frac{1}{2}\right)\frac{\hbar B|q|}{\mu c}-\frac{c^2\mathscr{E}^2\mu}{2B^2}-\frac{c\mathscr{E}}{B}p_y+\frac{1}{2\mu}p_z^2\end{aligned} \tag{8}$$

其中 p_y、p_z 为任意实数,$n=0,1,2,\cdots$.

式(4)中 $\psi(x)$为以$(x-x_0)$为变量的一维谐振子能量本征函数,即

$$\psi(x)=\psi_n(x-x_0)=H_n(\xi)e^{-\frac{1}{2}\xi^2} \tag{9}$$

$H_n(\xi)$是 Hermite 多项式,$\xi=\left(\frac{|q|B}{\hbar c}\right)^{\frac{1}{2}}(x-x_0)$.

6.4 分析及解答见《量子力学》,卷Ⅰ,7.4 节,376~379 页.

考虑二维各向同性谐振子势

$$V=\frac{1}{2}M\omega_0^2(x^2+y^2) \tag{1}$$

中的电子(荷电 $-e$),受到沿 z 轴方向的均匀磁场B 的作用.电磁矢势取为 $\boldsymbol{A}=\frac{1}{2}\boldsymbol{B}\times\boldsymbol{r}$,则 Hamilton 量表示为[见§7.3,式(3)]

$$H=\frac{1}{2M}(\hat{P}_x^2+\hat{P}_y^2)+\frac{1}{2}M\omega^2(x^2+y^2)+\omega_L\hat{l}_z \tag{2}$$

式中

$$\omega^2=\omega_0^2+\omega_L^2,\quad \omega_L=eB/2Mc \tag{3}$$

能量本征值为

$$E=(2n_\rho+|m|+1)\hbar\omega+m\hbar\omega_L \tag{4}$$

$n_\rho=0,1,2,\cdots$ (径向量子数)

$m=0,\pm1,\pm2,\cdots$

如磁场消失($B=0$),则化为二维各向同性谐振子能谱

$$E=(2n_\rho+|m|+1)\hbar\omega_0=(N+1)\hbar\omega_0 \tag{5}$$
$$N=2n_\rho+|m|=0,1,2,\cdots$$

简并度为 $f_N=(N+1)$,是二维各向同性谐振子的 SU_2 动力学对称性的反映.

当磁场非常强时($B\to\infty$ 即 $\omega_L\gg\omega_0,\omega\approx\omega_L$),则问题化为均匀磁场中的电子,能谱即 Landau 能级

$$\begin{aligned}E&=(2n_\rho+|m|+m+1)\hbar\omega_L \\ &=(N+1)\hbar\omega_L,\quad N=(2n_\rho+|m|+m)=0,2,4,\cdots \\ &=\left(n+\frac{1}{2}\right)\hbar\omega_c,\quad n=[n_\rho+(|m|+m)/2]=0,1,2,\cdots,\omega_c=2\omega_L,\end{aligned} \tag{6}$$

能级简并度为∞.

在一般情况下,式(4)所示能级是不简并的.但我们有趣地注意到,在磁场强度合适的情况下,使得

$$\omega_L/\omega=a/b \qquad (a,b\ \text{既约},a/b\ \text{为有理数}) \tag{7}$$

则能级会出现新的简并和新的壳结构.以下先讨论两个特殊的情况.(一般情况下的能级分布和壳结构随磁场强度的变化.见下页图.)

(a) $\omega_L/\omega=1/3$

$$E=\left(2n_\rho+|m|+1+\frac{1}{3}m\right)\hbar\omega=\hbar\omega(N+3)/3$$
$$N=6n_\rho+(|m|+m)+2|m|=0,2,4,6,\cdots$$

能级简并度为

$$f_N=\left[\frac{1}{2}\left(\frac{N}{2}+1\right)\right]=1,1,2,2,3,3,\cdots$$

上式方括号[x]表示不小于 x 的最小整数.最低的 8 条能级的简并态的标记如下:

N	$E_N/\hbar\omega$	(n_ρ,m)	f_N	幻数
0	1	(0,0)	1	2
2	5/3	(0,−1)	1	4
4	7/3	(0,−2),(0,1)	2	8
6	3	(0,−3),(1,0)	2	12
8	11/3	(0,−4),(0,2),(1,−1)	3	18
10	13/3	(0,−5),(1,−2),(1,1)	3	24
12	5	(0,−6),(0,3),(1,−3),(2,0)	4	32
14	17/3	(0,−7),(1,−4),(1,2),(2,−1)	4	40

(幻数是指电子从最低能级开始填充,在 Pauli 原理允许下,填充到该能级时所能容纳的电子数.这里已考虑电子自旋 $m_s=\pm1/2$ 两种量子态.)

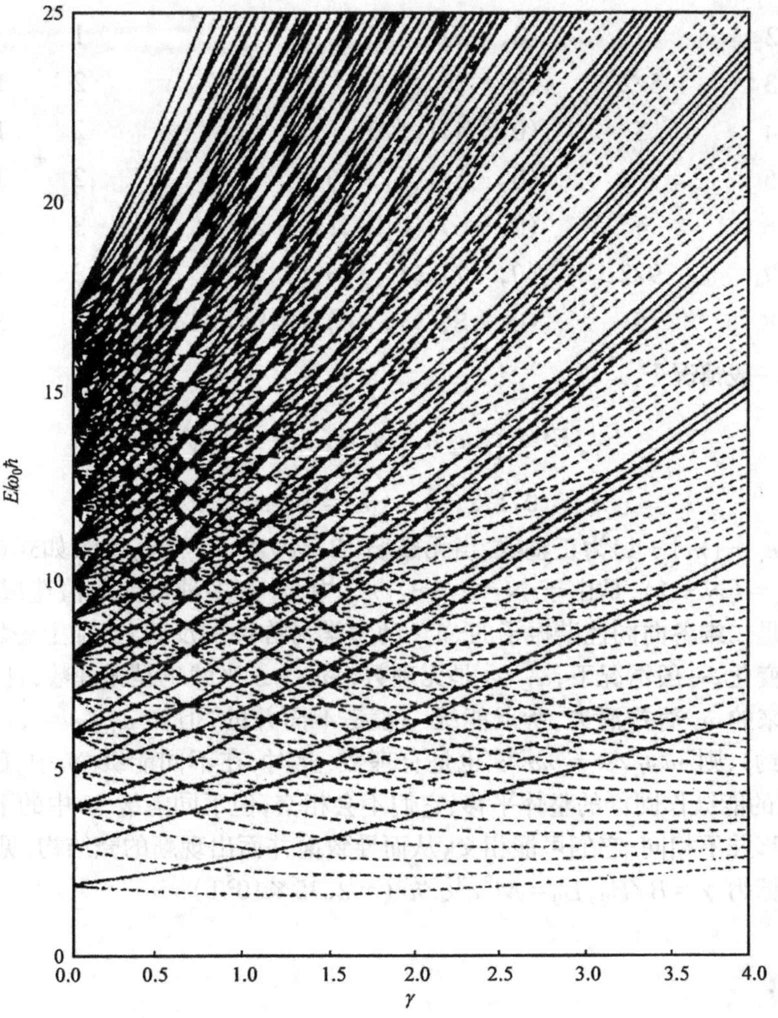

(b) $\omega_L/\omega = 1/2$

$$E = \left(2n_\rho + |m| + 1 + \frac{1}{2}m\right)\hbar\omega = \hbar\omega(N+2)/2$$

$$N = 4n_\rho + (|m| + m) + |m| = 0,1,2,\cdots$$

能级简并度为

$$f_N = \left[\frac{1}{3}(N+1)\right] = 1,1,1,2,2,2,\cdots$$

最低的 9 条能级的简并态的标记如下：

N	$E_N/\hbar\omega$	(n_ρ, m)	f_N	幻数
0	1	(0,0)	1	2
1	3/2	(0, −1)	1	4

2	2	(0, −2)	1	6
3	5/2	(0, −3),(0,1)	2	10
4	3	(0, −4),(1,0)	2	14
5	7/2	(0, −5),(1, −1)	2	18
6	4	(0, −6),(0,2),(1, −2)	3	24
7	9/2	(0, −7),(1, −3),(1,1)	3	30
8	5	(0, −8),(1, −4),(2,0)	3	36

在一般情况下

$$E = \left(2n_\rho + | m | + 1 + \frac{\omega_L}{\omega} m\right)\hbar\omega \tag{8}$$

$$n_\rho = 0,1,2,\cdots, \quad m = 0, \pm 1, \pm 2, \cdots$$

式中$(2n_\rho + |m| + 1)$为正整数. 当无磁场($B = 0$)时, $\omega_L = 0$, 能级如式(5)所示, 简并度 $f_N = (N+1)$, 是由于 $N = 2n_\rho + |m|$ 中 m 有多种可能取值造成的简并(m 简并), 是二维各向同性谐振子的 SU_2 动力学对称性的反映. 当加上磁场 B 时, ω_L 作连续变化, 一般情况下, ω_L/ω 是无理数, $m\omega_L/\omega$ 当然也是无理数, 且依赖于 m, 因此原来的 m 简并消失, 所以能级一般是不简并的. 但如 $\omega_L/\omega = a/b$(有理数, a/b 既约), 则 $m\omega_L/\omega = ma/b$ 也是有理数. 此时, 在不同能级 N 中, 磁场将导致 m 相同的能级作同样的整体平移, 它们不会相交, 但不同能级 N 中的不同 m 的能级的平移并不相同, 它们可能相交, 从而导致简并而出现新的壳结构. 见上页图, 图中横坐标为 $\gamma = B/B_0$, $B_0 = M^2 e^3 c/\hbar^3$($= 2.35 \times 10^5$T).

第 7 章　量子力学的矩阵形式与表象变换

7.9　详细证明见《量子力学习题精选与剖析》[下],2.4 题.

2.4　设 $F(\boldsymbol{r},\boldsymbol{p})$ 为厄米算符,证明在能量表象中下式成立:

$$\sum_n (E_n - E_k) \mid F_{nk} \mid^2 = \frac{1}{2}\langle k \mid [F,[H,F]] \mid k\rangle \tag{1}$$

证　式(1)左端为

$$\begin{aligned}\sum_n (E_n - E_k) \mid F_{nk} \mid^2 &= \sum_n (E_n - E_k)\langle k \mid F \mid n\rangle\langle n \mid F \mid k\rangle \\ &= \sum_n \langle k \mid F \mid n\rangle\langle n \mid (HF - FH) \mid k\rangle \\ &= \langle k \mid F[H,F] \mid k\rangle \end{aligned} \tag{2}$$

计算中利用了公式

$$\sum_n \mid n\rangle\langle n \mid = 1 \tag{3}$$

由于 H、F 是厄米算符,有下列算符关系:

$$[H,F]^+ = [F,H] = -[H,F] \tag{4}$$

式(2)取共轭,得到

$$\sum_n (E_n - E_k) \mid F_{nk} \mid^2 = -\langle k \mid [H,F]F \mid k\rangle \tag{2'}$$

和式(2)相加,即得式(1).

7.10　详细证明见《量子力学习题精选与剖析》[下],2.5 题.

2.5　对于任意算符 $F(\boldsymbol{r},\boldsymbol{p})$ 及其共轭 F^+,有下列矩阵元关系:

$$(F_{kn})^* = (\langle k \mid F \mid n\rangle)^* = \langle n \mid F^+ \mid k\rangle = F^+_{nk}$$

试证明在能量表象中有下列求和规则:

$$\sum_n (E_n - E_k)(\mid F_{nk} \mid^2 + \mid F_{kn} \mid^2) = \langle k \mid [F^+,[H,F]] \mid k\rangle \tag{1}$$

证　$$[F^+,[H,F]] = F^+HF + FHF^+ - HFF^+ - F^+FH \tag{2}$$

在能量本征态 $|k\rangle$ 下逐项计算平均值,并利用公式

$$\sum_n \mid n\rangle\langle n \mid = 1$$

即得

$$\langle k \mid F^+ HF \mid k\rangle = \sum_n \langle k \mid F^+ H \mid n\rangle\langle n \mid F \mid k\rangle$$

$$= \sum_n E_n F_{kn}^+ F_{nk} = \sum_n E_n \mid F_{nk} \mid^2 \tag{3}$$

$$\langle k \mid FHF^+ \mid k \rangle = \sum_n \langle k \mid F \mid n \rangle \langle n \mid HF^+ \mid k \rangle$$

$$= \sum_n E_n F_{kn} F_{nk}^+ = \sum_n E_n \mid F_{kn} \mid^2 \tag{4}$$

$$\langle k \mid HFF^+ \mid k \rangle = E_k \sum_n \langle k \mid F \mid n \rangle \langle n \mid F^+ \mid k \rangle$$

$$= E_k \sum_n F_{kn} F_{nk}^+ = E_k \sum_n \mid F_{kn} \mid^2 \tag{5}$$

$$\langle k \mid F^+ FH \mid k \rangle = E_k \sum_n \langle k \mid F^+ \mid n \rangle \langle n \mid F \mid k \rangle$$

$$= E_k \sum_n F_{kn}^+ F_{nk} = E_k \sum_n \mid F_{nk} \mid^2 \tag{6}$$

式(3)加式(4),再减式(5)和(6),即得式(1).

注意:如 $F \neq F^+$,F_{nk} 和 F_{kn} 并无简单关系.

如 F 为厄米算符,即 $F = F^+$,则 $F_{nk} = (F_{kn})^*$,这时 $|F_{nk}| = |F_{kn}|$,式(1)就变成《量子力学习题精选与剖析》[下]题 2.4 式(1).

第8章 自 旋

8.5 证明见《量子力学习题精选与剖析》[上],6.22题与6.23题.

6.22 设 λ 为常数,证明

$$e^{i\lambda\sigma_z} = \cos\lambda + i\sigma_z\sin\lambda \tag{1}$$

证一 将 $e^{i\lambda\sigma_z}$ 展开成 σ_z 的级数,

$$e^{i\lambda\sigma_z} = \sum_{n=0}^{\infty}\frac{1}{n!}(i\lambda\sigma_z)^n = \left(\sum_{n偶} + \sum_{n奇}\right)\frac{1}{n!}(i\lambda)^n\sigma_z^n \tag{2}$$

由于 $\sigma_z^2=1$,所以

$$n\text{ 偶},\sigma_z^n = 1, \quad n\text{ 奇},\sigma_z^n = \sigma_z$$

代入式(2),即得

$$e^{i\lambda\sigma_z} = \sum_{n偶}\frac{(i\lambda)^n}{n!} + \sigma_z\sum_{n奇}\frac{(i\lambda)^n}{n!} \tag{2'}$$

其中

$$\sum_{n偶}\frac{(i\lambda)^n}{n!} = \sum_{k=0}^{\infty}\frac{(i\lambda)^{2k}}{(2k)!} = \sum_{k=0}^{\infty}(-1)^k\frac{\lambda^{2k}}{(2k)!} = \cos\lambda$$

$$\sum_{n奇}\frac{(i\lambda)^n}{n!} = \sum_{k=0}^{\infty}\frac{(i\lambda)^{2k+1}}{(2k+1)!} = i\sum_{k=0}^{\infty}(-1)^k\frac{\lambda^{2k+1}}{(2k+1)!} = i\sin\lambda$$

故得

$$e^{i\lambda\sigma_z} = \cos\lambda + i\sigma_z\sin\lambda \tag{1}$$

证二 由于 $\sigma_z^2=1$,σ_z 的任何正幂级数必定可以简化成 $(a+b\sigma_z)$ 的形式.因此可令

$$e^{i\lambda\sigma_z} = a + b\sigma_z \tag{3}$$

a、b 为待定常数.将上式作用于 σ_z 的本征态 $\chi_{\pm\frac{1}{2}}$,得到

$$\text{对于 } \chi_{\frac{1}{2}}, \quad \sigma_z = 1, \quad e^{i\lambda} = a + b$$

$$\text{对于 } \chi_{-\frac{1}{2}}, \quad \sigma_z = -1, \quad e^{-i\lambda} = a - b$$

容易解出

$$a = \cos\lambda, \quad b = i\sin\lambda \tag{4}$$

代入式(3),即得式(1).

证三 $e^{i\lambda\sigma_z}$ 是 σ_z 的函数,在 σ_z 表象中可以表示成对角化矩阵,对角元等于其

本征值. σ_z 的本征值为 ± 1, $e^{i\lambda\sigma_z}$的本征值为 $e^{\pm i\lambda}$. 因此,在 σ_z 表象中 $e^{i\lambda\sigma_z}$的矩阵表示为

$$e^{i\lambda\sigma_z} = \begin{bmatrix} e^{i\lambda} & 0 \\ 0 & e^{-i\lambda} \end{bmatrix} = \begin{bmatrix} \cos\lambda + i\sin\lambda & 0 \\ 0 & \cos\lambda - i\sin\lambda \end{bmatrix} \tag{5}$$

由于

$$I = \begin{bmatrix} 1 & 0 \\ 0 & 1 \end{bmatrix}, \sigma_z = \begin{bmatrix} 1 & 0 \\ 0 & -1 \end{bmatrix}$$

故得

$$e^{i\lambda\sigma_z} = \cos\lambda + i\,\sigma_z\sin\lambda \tag{1}$$

算符间的关系式与表象的选择无关,故上式可以脱离 σ_z 表象而普遍成立.

讨论 以上的证明过程,主要利用了 σ_z 的本征值以及 $\sigma_z^2=1$. 如将 σ_z 改成 $\boldsymbol{\sigma}$ 在 $\boldsymbol{n}$ 方向的投影 σ_n,由于 σ_n 的本征值仍为 ± 1,而且 $\sigma_n^2=1$,因此显然仍可证明

$$e^{i\lambda\sigma_n} = \cos\lambda + i\,\sigma_n\sin\lambda \tag{6}$$

6.23 设 $\boldsymbol{A}$、$\boldsymbol{B}$ 为实常数矢量,试将 $e^{i\boldsymbol{\sigma}\cdot\boldsymbol{A}}$和 $e^{i\boldsymbol{\sigma}\cdot\boldsymbol{A}}e^{i\boldsymbol{\sigma}\cdot\boldsymbol{B}}$表示成 I 及 σ_x、σ_y、σ_z 的线性叠加,并计算它们的迹.

解 将 $\boldsymbol{A}$ 写成 $A\boldsymbol{n}$, $\boldsymbol{n}$ 为 $\boldsymbol{A}$ 方向单位矢量 $\left(\boldsymbol{n}=\dfrac{\boldsymbol{A}}{A}\right)$,则

$$e^{i\boldsymbol{\sigma}\cdot\boldsymbol{A}} = e^{iA\sigma_n}, \quad A = |\boldsymbol{A}| \tag{1}$$

利用上题式(6),即得

$$e^{i\boldsymbol{\sigma}\cdot\boldsymbol{A}} = \cos A + i\frac{\boldsymbol{\sigma}\cdot\boldsymbol{A}}{A}\sin A \tag{2}$$

其中第一项应理解成 $I\cos A$, I 为单位矩阵. 第二项为 $\boldsymbol{\sigma}$ 的线性项,对迹无贡献. 因此

$$\mathrm{tr}\, e^{i\boldsymbol{\sigma}\cdot\boldsymbol{A}} = 2\cos A, \quad A = |\boldsymbol{A}| \tag{3}$$

类似地可以写出 $e^{i\boldsymbol{\sigma}\cdot\boldsymbol{B}}$的表示式. 因此

$$\begin{aligned} e^{i\boldsymbol{\sigma}\cdot\boldsymbol{A}}e^{i\boldsymbol{\sigma}\cdot\boldsymbol{B}} &= \left(\cos A + \frac{i}{A}\boldsymbol{\sigma}\cdot\boldsymbol{A}\sin A\right) \\ &\quad \cdot \left(\cos B + \frac{i}{B}\boldsymbol{\sigma}\cdot\boldsymbol{B}\sin B\right) \\ &= \cos A\cos B - (\boldsymbol{\sigma}\cdot\boldsymbol{A})(\boldsymbol{\sigma}\cdot\boldsymbol{B})\frac{1}{AB}\sin A\sin B \\ &\quad + i(\boldsymbol{\sigma}\cdot\boldsymbol{A})\frac{1}{A}\sin A\cos B \\ &\quad + i(\boldsymbol{\sigma}\cdot\boldsymbol{B})\frac{1}{B}\cos A\sin B \end{aligned}$$

$$
\begin{aligned}
&= \cos A \cos B - \frac{\boldsymbol{A}\cdot\boldsymbol{B}}{AB}\sin A\sin B \\
&\quad - \mathrm{i}\boldsymbol{\sigma}\cdot(\boldsymbol{A}\times\boldsymbol{B})\frac{1}{AB}\sin A\sin B \\
&\quad + \mathrm{i}(\boldsymbol{\sigma}\cdot\boldsymbol{A})\frac{1}{A}\sin A\cos B \\
&\quad + \mathrm{i}(\boldsymbol{\sigma}\cdot\boldsymbol{B})\frac{1}{B}\cos A\sin B
\end{aligned} \tag{4}
$$

上式中后三项为 $\boldsymbol{\sigma}$ 的线性项,迹为 0,所以

$$
\mathrm{tr}(\mathrm{e}^{\mathrm{i}\boldsymbol{\sigma}\cdot\boldsymbol{A}}\mathrm{e}^{\mathrm{i}\boldsymbol{\sigma}\cdot\boldsymbol{B}}) = 2\cos A\cos B - 2\frac{\boldsymbol{A}\cdot\boldsymbol{B}}{AB}\sin A\sin B \tag{5}
$$

下面讨论几个特例.

1° $\boldsymbol{A}$ 与 $\boldsymbol{B}$ 互相平行,这时

$$
\boldsymbol{A} = A\boldsymbol{n},\quad \boldsymbol{B} = B\boldsymbol{n},\quad \boldsymbol{A}\cdot\boldsymbol{B} = AB,\quad \boldsymbol{A}\times\boldsymbol{B} = 0
$$

式(4)退化成

$$
\mathrm{e}^{\mathrm{i}\boldsymbol{\sigma}\cdot(\boldsymbol{A}+\boldsymbol{B})} = \mathrm{e}^{\mathrm{i}(A+B)\sigma_n} = \cos(A+B) + \mathrm{i}\sigma_n\sin(A+B)
$$

这实际上就是式(2),A 换成$(A+B)$而已.

2° $\boldsymbol{A}$ 与 $\boldsymbol{B}$ 垂直.如以 $\boldsymbol{n}$、$\boldsymbol{m}$、$\boldsymbol{k}$ 分别表示 $\boldsymbol{A}$、$\boldsymbol{B}$、$\boldsymbol{A}\times\boldsymbol{B}$ 方向的单位矢量,则

$$
\boldsymbol{A} = A\boldsymbol{n},\quad \boldsymbol{B} = B\boldsymbol{m},\quad \boldsymbol{A}\times\boldsymbol{B} = AB\boldsymbol{k},\quad \boldsymbol{A}\cdot\boldsymbol{B} = 0
$$

式(4)成为

$$
\mathrm{e}^{\mathrm{i}A\sigma_n}\mathrm{e}^{\mathrm{i}B\sigma_m} = \cos A\cos B + \mathrm{i}\sigma_n\sin A\cos B + \mathrm{i}\sigma_m\cos A\sin B - \mathrm{i}\sigma_k\sin A\sin B \tag{6}
$$

如 $A=B=\lambda$,则上式进一步简化成

$$
\mathrm{e}^{\mathrm{i}\lambda\sigma_n}\mathrm{e}^{\mathrm{i}\lambda\sigma_m} = \cos^2\lambda + \frac{\mathrm{i}}{2}(\sigma_n + \sigma_m)\sin 2\lambda - \mathrm{i}\sigma_k\sin^2\lambda \tag{7}
$$

例如,当 $\boldsymbol{n}$、$\boldsymbol{m}$、$\boldsymbol{k}$ 分别代表 x、y、z 轴,就有

$$
\mathrm{e}^{\mathrm{i}\lambda\sigma_x}\mathrm{e}^{\mathrm{i}\lambda\sigma_y} = \cos^2\lambda + \frac{\mathrm{i}}{2}(\sigma_x + \sigma_y)\sin 2\lambda - \mathrm{i}\sigma_z\sin^2\lambda \tag{8}
$$

3° $\boldsymbol{A}$ 与 $\boldsymbol{B}$ 垂直时,式(5)简化成

$$
\mathrm{tr}\,(\mathrm{e}^{\mathrm{i}\boldsymbol{\sigma}\cdot\boldsymbol{A}}\mathrm{e}^{\mathrm{i}\boldsymbol{\sigma}\cdot\boldsymbol{B}}) = 2\cos A\cos B \tag{9}
$$

8.6 证明见《量子力学习题精选与剖析》[上],6.24 题.

6.24 化简 $\mathrm{e}^{\mathrm{i}\lambda\sigma_z}\sigma_\alpha\mathrm{e}^{-\mathrm{i}\lambda\sigma_z}$,$\alpha = x$、$y$,$\lambda$ 为常数.

解一 利用题 6.22 证明的公式

$$
\mathrm{e}^{\mathrm{i}\lambda\sigma_z} = \cos\lambda + \mathrm{i}\sigma_z\sin\lambda \tag{1}
$$

可得

$$
\mathrm{e}^{\mathrm{i}\lambda\sigma_z}\sigma_x\mathrm{e}^{-\mathrm{i}\lambda\sigma_z} = (\cos\lambda + \mathrm{i}\sigma_z\sin\lambda)\sigma_x(\cos\lambda - \mathrm{i}\sigma_z\sin\lambda)
$$

再利用

$$\sigma_z^2 = 1, \sigma_z\sigma_x = -\sigma_x\sigma_z = \mathrm{i}\sigma_y \tag{2}$$

即得

$$\mathrm{e}^{\mathrm{i}\lambda\sigma_z}\sigma_x\mathrm{e}^{-\mathrm{i}\lambda\sigma_z} = \sigma_x\cos 2\lambda - \sigma_y\sin 2\lambda \tag{3}$$

类似地,可得

$$\mathrm{e}^{\mathrm{i}\lambda\sigma_z}\sigma_y\mathrm{e}^{-\mathrm{i}\lambda\sigma_z} = \sigma_x\sin 2\lambda + \sigma_y\cos 2\lambda \tag{4}$$

解二 根据题 6.14 的分析,可令

$$\mathrm{e}^{\mathrm{i}\lambda\sigma_z}\sigma_x\mathrm{e}^{-\mathrm{i}\lambda\sigma_z} = C_0 I + C_1\sigma_x + C_2\sigma_y + C_3\sigma_z \tag{5}$$

将上式作用于 σ_z 的本征态 $\chi_{1/2}$,利用

$$\sigma_z\chi_{1/2} = \chi_{1/2}, \quad \sigma_x\chi_{1/2} = \chi_{-1/2}, \quad \sigma_y\chi_{1/2} = \mathrm{i}\chi_{-1/2} \tag{6}$$

即得

$$\mathrm{e}^{-2\mathrm{i}\lambda}\chi_{-1/2} = (C_0 + C_3)\chi_{1/2} + (C_1 + \mathrm{i}C_2)\chi_{-1/2}$$

由于 $\chi_{1/2}$和 $\chi_{-1/2}$是线性独立的,比较上式两端系数,即得

$$\begin{aligned} C_0 + C_3 &= 0 \\ C_1 + \mathrm{i}C_2 &= \mathrm{e}^{-2\mathrm{i}\lambda} \end{aligned} \tag{7}$$

再将式(5)作用于 σ_z 的本征态 $\chi_{-1/2}$,利用

$$\sigma_z\chi_{-1/2} = -\chi_{-1/2}, \quad \sigma_x\chi_{-1/2} = \chi_{1/2}, \quad \sigma_y\chi_{-1/2} = -\mathrm{i}\chi_{1/2} \tag{8}$$

即得

$$\mathrm{e}^{2\mathrm{i}\lambda}\chi_{1/2} = (C_1 - \mathrm{i}C_2)\chi_{1/2} + (C_0 - C_3)\chi_{-1/2}$$

比较两端系数,得到

$$\begin{aligned} C_0 - C_3 &= 0 \\ C_1 - \mathrm{i}C_2 &= \mathrm{e}^{2\mathrm{i}\lambda} \end{aligned} \tag{9}$$

由式(7)、(9)容易解出

$$C_0 = C_3 = 0, \quad C_1 = \cos 2\lambda, \quad C_2 = -\sin 2\lambda \tag{10}$$

代入式(5),即得

$$\mathrm{e}^{\mathrm{i}\lambda\sigma_z}\sigma_x\mathrm{e}^{-\mathrm{i}\lambda\sigma_z} = \sigma_x\cos 2\lambda - \sigma_y\sin 2\lambda \tag{3}$$

类似地可以证明

$$\mathrm{e}^{\mathrm{i}\lambda\sigma_z}\sigma_y\mathrm{e}^{-\mathrm{i}\lambda\sigma_z} = \sigma_x\sin 2\lambda + \sigma_y\cos 2\lambda \tag{4}$$

解三 视 λ 为参变数,令

$$f(\lambda) = \mathrm{e}^{\mathrm{i}\lambda\sigma_z}\sigma_x\mathrm{e}^{-\mathrm{i}\lambda\sigma_z} \tag{11}$$

$$g(\lambda) = \mathrm{e}^{\mathrm{i}\lambda\sigma_z}\sigma_y\mathrm{e}^{-\mathrm{i}\lambda\sigma_z} \tag{12}$$

注意

$$f(0) = \sigma_x, \quad g(0) = \sigma_y \tag{13}$$

式(11),(12)对 λ 求导,可得

$$\begin{aligned} f'(\lambda) &= e^{i\lambda\sigma_z} i(\sigma_z\sigma_x - \sigma_x\sigma_z) e^{-i\lambda\sigma_z} = -2g(\lambda) \\ g'(\lambda) &= e^{i\lambda\sigma_z} i(\sigma_z\sigma_y - \sigma_y\sigma_z) e^{-i\lambda\sigma_z} = 2f(\lambda) \end{aligned} \tag{14}$$

式(14)中第二式乘 i,和第一式相加,得到

$$\frac{d}{d\lambda}[f(\lambda) + ig(\lambda)] = 2i[f(\lambda) + ig(\lambda)] \tag{14'}$$

作为一阶微分方程,上式的解显然是

$$\begin{aligned} f(\lambda) + ig(\lambda) &= [f(0) + ig(0)]e^{2i\lambda} \\ &= (\sigma_x + i\sigma_y)e^{2i\lambda} \end{aligned} \tag{15}$$

式(14)中第二式乘(-i),和第一式相加,得到

$$\frac{d}{d\lambda}[f(\lambda) - ig(\lambda)] = -2i[f(\lambda) - ig(\lambda)] \tag{14''}$$

解为

$$\begin{aligned} f(\lambda) - ig(\lambda) &= [f(0) - ig(0)]e^{-2i\lambda} \\ &= (\sigma_x - i\sigma_y)e^{-2i\lambda} \end{aligned} \tag{16}$$

式(15)、(16)相加、减,即得

$$\begin{aligned} f(\lambda) &= \sigma_x\cos 2\lambda - \sigma_y\sin 2\lambda \\ g(\lambda) &= \sigma_x\sin 2\lambda + \sigma_y\cos 2\lambda \end{aligned} \tag{17}$$

此即式(3)和(4).

(注)如 λ 为实数,则 $f(\lambda)$ 及 $g(\lambda)$ 均为厄米算符,这时式(16)为式(15)的共轭方程,而式(17)可直接由式(15)得出.

8.7 计算与分析见《量子力学习题精选与剖析》[上],6.36 题.

6.36 电子的磁矩(算符)为

$$\boldsymbol{\mu} = \boldsymbol{\mu}_l + \boldsymbol{\mu}_s = -\frac{e}{2m_e c}(\boldsymbol{l} + 2\boldsymbol{s}) \tag{1}$$

试对 $|ljm_j\rangle$ 态计算 μ_z 平均值.

解 如以 Bohr 磁子 $\mu_B = e\hbar/2m_e c$ 作为磁矩单位,则电子的磁矩算符可以写成(以下取 $\hbar = 1$)

$$\boldsymbol{\mu} = -(\boldsymbol{l} + 2\boldsymbol{s}) = -(\boldsymbol{j} + \boldsymbol{s}) = -(\boldsymbol{j} + \frac{1}{2}\boldsymbol{\sigma}) \tag{2}$$

利用上题结果,即得

$$\langle ljm_j | \mu_z | ljm_j \rangle = -gm_j \tag{3}$$

其中

$$g = 1 + \frac{j(j+1) - l(l+1) + 3/4}{2j(j+1)}$$

(Landè g 因子) (4)

通常以 m_j 取最大值($m_j=j$)时 μ_z 的平均值作为磁矩观测值的定义,记作 μ. 对于电子,

$$\mu = \langle ljj \mid \mu_z \mid ljj\rangle = -gj \tag{5}$$

即

$$\mu = \begin{cases} -\left(j+\dfrac{1}{2}\right), & j = l+\dfrac{1}{2} \\ -j(2j+1)/(2j+2), & j = l-\dfrac{1}{2} \end{cases} \tag{5'}$$

8.8 解答与分析见《量子力学习题精选与剖析》[上],6.47 题.

6.47 两个自旋 1/2 的定域非全同粒子(不考虑轨道运动),相互作用能为(取 $\hbar=1$)

$$H = A\boldsymbol{s}_1\cdot\boldsymbol{s}_2 \tag{1}$$

$t=0$ 时,粒子 1 自旋"向上"($s_{1z}=1/2$),粒子 2 自旋"向下"($s_{2z}=-\dfrac{1}{2}$). 求任意 $t>0$ 时刻(a)粒子 1 自旋"向上"的概率;(b)粒子 1 和 2 自旋均"向上"的概率;(c)总自旋量子数 $S=1$ 和 0 的概率;(d)$\boldsymbol{s}_1$ 和 $\boldsymbol{s}_2$ 的平均值.

解 从求体系的自旋波函数入手. 由于

$$H = A\boldsymbol{s}_1\cdot\boldsymbol{s}_2 = \frac{A}{2}\left(\boldsymbol{S}^2-\frac{3}{2}\right) \tag{1'}$$

易见总自旋 $\boldsymbol{S}$ 是守恒量,所以定态波函数可以选为 $\boldsymbol{S}^2$、S_z 的共同本征函数. 按照总自旋量子数 S 的不同取值,本征函数和能级为

$$\left.\begin{aligned} S=1,\quad &\chi_{1M_S},\quad E_1 = A/4 \\ S=0,\quad &\chi_{00},\quad E_0 = -3A/4 \end{aligned}\right\} \tag{2}$$

$t=0$ 时,体系的自旋态为

$$\chi(0) = \alpha(1)\beta(2) = \frac{1}{\sqrt{2}}(\chi_{10}+\chi_{00}) \tag{3}$$

因此,$t>0$ 时波函数为

$$\chi(t) = \frac{1}{\sqrt{2}}\chi_{10}e^{-iE_1t}+\frac{1}{\sqrt{2}}\chi_{00}e^{-iE_0t} \tag{4}$$

即

$$\begin{aligned} \chi(t) &= \frac{1}{2}[\alpha(1)\beta(2)+\beta(1)\alpha(2)]e^{-iAt/4}+\frac{1}{2}[\alpha(1)\beta(2)-\beta(1)\alpha(2)]e^{3iAt/4} \\ &= \left[\alpha(1)\beta(2)\cos\frac{At}{2}-i\beta(1)\alpha(2)\sin\frac{At}{2}\right]e^{iAt/4} \end{aligned} \tag{4'}$$

(a)由式(4′)可知,在时刻 t,粒子 1 自旋“向上”[同时粒子 2 自旋“向下”,相当于 $\alpha(1)\beta(2)$项]的概率为 $\cos^2\left(\frac{At}{2}\right)$;

(b)粒子 1 和 2 自旋均“向上”[相应于 $\alpha(1)\alpha(2)$,式(4′)中没有这种项]的概率为0.这是容易理解的,因为总自旋 $\boldsymbol{S}_z$ 为守恒量,而体系初态 $S_z=0$,所以任何时刻 S_z 必为 0,不可能出现两个粒子自旋均“向上”($S_z=1$)的情形.

(c)由式(4)可知,总自旋量子数 $\boldsymbol{S}$ 取 1 和 0 的概率相等,各为 1/2.由于 $\boldsymbol{S}^2$ 守恒,这个概率不随时间改变.

(d)利用式(4′)容易算出 $\boldsymbol{s}_1$ 和 $\boldsymbol{s}_2$ 的平均值为

$$\langle s_{1x}\rangle_t=\langle s_{1y}\rangle_t=\langle s_{2x}\rangle_t=\langle s_{2y}\rangle_t=0$$

$$\langle s_{1z}\rangle_t=\frac{1}{2}\left[\cos^2\frac{At}{2}-\sin^2\frac{At}{2}\right]=\frac{1}{2}\cos At \tag{5}$$

$$\langle s_{2z}\rangle_t=-\langle s_{1z}\rangle_t=-\frac{1}{2}\cos At$$

8.9 解答与分析见《量子力学习题精选与剖析》[上],6.27 题.

6.27 有一个定域电子(作为近似模型,可以不考虑轨道运动)受到均匀磁场作用,磁场 B 指向正 x 方向.磁作用势为

$$H=\frac{eB}{\mu c}s_x=\frac{e\hbar B}{2\mu c}\sigma_x \tag{1}$$

设 $t=0$ 时电子的自旋“向上”,即 $s_z=\frac{\hbar}{2}$,求 $t>0$ 时 $\boldsymbol{s}$ 的平均值.

解 先由 Schrödinger 方程解出自旋波函数 $\chi(t)$,再计算 $\boldsymbol{s}$ 的平均值.在 s_z 表象中,Hamilton 算符可以表示成

$$H=\frac{e\hbar B}{2\mu c}\sigma_x=\hbar\omega\begin{bmatrix}0&1\\1&0\end{bmatrix},\omega=\frac{eB}{2\mu c} \tag{1′}$$

令

$$\chi(t)=a(t)\chi_{\frac{1}{2}}+b(t)\chi_{-\frac{1}{2}}=\begin{bmatrix}a(t)\\b(t)\end{bmatrix} \tag{2}$$

$\chi(t)$应满足 Schrödinger 方程

$$\mathrm{i}\hbar\frac{\mathrm{d}}{\mathrm{d}t}\chi(t)=H\chi(t) \tag{3}$$

初始条件为

$$\chi(0)=\chi_{\frac{1}{2}}=\begin{bmatrix}1\\0\end{bmatrix},即\ a(0)=1,b(0)=0 \tag{4}$$

将式(1′)及(2)代入式(3),得到

$$i\hbar\frac{d}{dt}\begin{bmatrix}a\\b\end{bmatrix}=\hbar\omega\begin{bmatrix}b\\a\end{bmatrix} \tag{5}$$

上式相当于方程组

$$\frac{da}{dt}=-i\omega b$$
$$\frac{db}{dt}=-i\omega a \tag{5'}$$

将两式相加、减，得到

$$\begin{aligned}\frac{d}{dt}(a+b)&=-i\omega(a+b)\\ \frac{d}{dt}(a-b)&=i\omega(a-b)\end{aligned} \tag{6}$$

解为

$$\begin{aligned}a(t)+b(t)&=[a(0)+b(0)]e^{-i\omega t}=e^{-i\omega t}\\ a(t)-b(t)&=[a(0)-b(0)]e^{i\omega t}=e^{i\omega t}\end{aligned} \tag{7}$$

由式(7)易得

$$a(t)=\cos\omega t,\quad b(t)=-i\sin\omega t \tag{8}$$

代入式(2)，即得

$$\chi(t)=\begin{bmatrix}\cos\omega t\\ -i\sin\omega t\end{bmatrix} \tag{9}$$

$$\chi^+(t)=[\cos\omega t\quad i\sin\omega t] \tag{9'}$$

s 的平均值为

$$\langle s_x\rangle=\frac{\hbar}{2}\chi^+\sigma_x\chi=\frac{\hbar}{2}\chi^+\begin{bmatrix}0&1\\1&0\end{bmatrix}\chi=0$$

$$\begin{aligned}\langle s_y\rangle&=\frac{\hbar}{2}\chi^+\sigma_y\chi=\frac{\hbar}{2}\chi^+\begin{bmatrix}0&-i\\i&0\end{bmatrix}\chi\\ &=-\frac{\hbar}{2}\sin 2\omega t\end{aligned} \tag{10}$$

$$\begin{aligned}\langle s_z\rangle&=\frac{\hbar}{2}\chi^+\sigma_z\chi=\frac{\hbar}{2}\chi^+\begin{bmatrix}1&0\\0&-1\end{bmatrix}\chi\\ &=\frac{\hbar}{2}\cos 2\omega t\end{aligned}$$

8.10 解答与分析见《量子力学习题精选与剖析》[上]，6.50 题.

6.50 设两个电子处于自旋单态，$\boldsymbol{a}$ 和 $\boldsymbol{b}$ 表示空间任意两个方向的单位矢. 证明在自旋单态下$\langle(\boldsymbol{\sigma}_1\cdot\boldsymbol{a})(\boldsymbol{\sigma}_2\cdot\boldsymbol{b})\rangle=-(\boldsymbol{a}\cdot\boldsymbol{b})$.

证 两电子体系的自旋单态可以表示成

$$\chi_{00}=\frac{1}{\sqrt{2}}[\alpha(1)\beta(2)-\beta(1)\alpha(2)] \tag{1}$$

其中 α 和 β 是单电子自旋 z 分量的本征态，满足关系

$$\begin{aligned}\sigma_{1z}\alpha(1)&=\alpha(1),\quad \sigma_{1z}\beta(1)=-\beta(1)\\ \sigma_{1x}\alpha(1)&=\beta(1),\quad \sigma_{1x}\beta(1)=\alpha(1)\\ \sigma_{1y}\alpha(1)&=\mathrm{i}\beta(1),\quad \sigma_{1y}\beta(1)=-\mathrm{i}\alpha(1)\end{aligned} \tag{2}$$

第2个电子也有类似关系．众所周知，χ_{00}是总自旋（$\boldsymbol{S}=\boldsymbol{s}_1+\boldsymbol{s}_2$）各分量 S_x,S_y,S_z 的共同本征态，本征值均为0．因此 χ_{00}是各向同性的．这一点对于本题很重要，请读者务必悉心领会．

本题中，$(\boldsymbol{\sigma}_1\cdot\boldsymbol{a})(\boldsymbol{\sigma}_2\cdot\boldsymbol{b})$可以表示成

$$\begin{aligned}(\boldsymbol{\sigma}_1\cdot\boldsymbol{a})(\boldsymbol{\sigma}_2\cdot\boldsymbol{b})=&(\sigma_{1x}\sigma_{2x}a_xb_x+\sigma_{1y}\sigma_{2y}a_yb_y+\sigma_{1z}\sigma_{2z}a_zb_z)\\&+[\sigma_{1x}\sigma_{2z}a_xb_z+\sigma_{1x}\sigma_{2y}a_xb_y+\cdots(\text{共6项})]\end{aligned} \tag{3}$$

χ_{00}是式(3)前3项的本征函数，即

$$\sigma_{1x}\sigma_{2x}\chi_{00}=\sigma_{1y}\sigma_{2y}\chi_{00}=\sigma_{1z}\sigma_{2z}\chi_{00}=-\chi_{00} \tag{4}$$

因此式(3)前3项的平均值为

$$-(a_xb_x+a_yb_y+a_zb_z)=-\boldsymbol{a}\cdot\boldsymbol{b}$$

对于式(3)后6项，则有

$$\begin{cases}\sigma_{1x}\sigma_{2z}\chi_{00}=\dfrac{1}{\sqrt{2}}[-\beta(1)\beta(2)-\alpha(1)\alpha(2)]\\ \qquad\qquad=-\dfrac{1}{\sqrt{2}}[\chi_{1-1}+\chi_{11}]\\ \sigma_{1x}\sigma_{2y}\chi_{00}=\dfrac{1}{\sqrt{2}}[-\mathrm{i}\beta(1)\alpha(2)-\mathrm{i}\alpha(1)\beta(2)]=-\mathrm{i}\chi_{10}\end{cases} \tag{5}$$

等等．总之，式(3)后6项作用于 χ_{00}的结果，变成自旋三重态，($S=1,M_S=1,0,-1$)它们与 χ_{00}正交．因此式(3)后6项平均值为0．

8.12 分析与解答见《量子力学习题精选与剖析》[上]，6.48题．

6.48 考虑由三个自旋1/2的非全同粒子组成的体系，Hamilton 量为

$$H=A\boldsymbol{s}_1\cdot\boldsymbol{s}_2+B(\boldsymbol{s}_1+\boldsymbol{s}_2)\cdot\boldsymbol{s}_3 \tag{1}$$

A、B 为实常数．试找出体系的守恒量，确定体系的能级和简并度．(取$\hbar=1$)

解 粒子1、2自旋之和记为 $\boldsymbol{S}_{12}$，总自旋记为 $\boldsymbol{S}_{123}$，即

$$\boldsymbol{S}_{12}=\boldsymbol{s}_1+\boldsymbol{s}_2,\boldsymbol{S}_{123}=\boldsymbol{s}_1+\boldsymbol{s}_2+\boldsymbol{s}_3=\boldsymbol{S}_{12}+\boldsymbol{s}_3 \tag{2}$$

显然，$\boldsymbol{S}_{12}$和 $\boldsymbol{S}_{123}$都具有角动量的性质，满足对易式

$$\boldsymbol{S}_{12}\times\boldsymbol{S}_{12}=\mathrm{i}\boldsymbol{S}_{12},\quad [\boldsymbol{S}_{12}^2,\boldsymbol{S}_{12}]=0 \tag{3}$$

$$\boldsymbol{S}_{123} \times \boldsymbol{S}_{123} = \mathrm{i}\boldsymbol{S}_{123}, \quad [\boldsymbol{S}_{123}^2, \boldsymbol{S}_{123}] = 0 \tag{4}$$

$\boldsymbol{s}_1$、$\boldsymbol{s}_2$、$\boldsymbol{s}_3$ 互相对易，而且

$$\boldsymbol{s}_1^2 = \boldsymbol{s}_2^2 = \boldsymbol{s}_3^2 = \frac{3}{4} \tag{5}$$

因此

$$\boldsymbol{S}_{12}^2 = \boldsymbol{s}_1^2 + \boldsymbol{s}_2^2 + 2\boldsymbol{s}_1 \cdot \boldsymbol{s}_2 = \frac{3}{2} + 2\boldsymbol{s}_1 \cdot \boldsymbol{s}_2 \tag{6}$$

$$\boldsymbol{S}_{123}^2 = \frac{9}{4} + 2(\boldsymbol{s}_1 \cdot \boldsymbol{s}_2 + \boldsymbol{s}_2 \cdot \boldsymbol{s}_3 + \boldsymbol{s}_3 \cdot \boldsymbol{s}_1) \tag{7}$$

据此，H 可以写成

$$\begin{aligned} H &= (A - B)\boldsymbol{s}_1 \cdot \boldsymbol{s}_2 + B(\boldsymbol{s}_1 \cdot \boldsymbol{s}_2 + \boldsymbol{s}_2 \cdot \boldsymbol{s}_3 + \boldsymbol{s}_3 \cdot \boldsymbol{s}_1) \\ &= \frac{1}{2}(A - B)\boldsymbol{S}_{12}^2 + \frac{B}{2}\boldsymbol{s}_{123}^2 - \frac{3}{8}(2A + B) \end{aligned} \tag{1'}$$

由于 $\boldsymbol{S}_{12}^2$和 $\boldsymbol{S}_{12}$对易，和 $\boldsymbol{s}_3$对易，所以 $\boldsymbol{S}_{12}^2$和 $\boldsymbol{S}_{123}$对易. 因此，由式(1′)显而易见，$\boldsymbol{S}_{12}^2$、$\boldsymbol{S}_{123}$、$\boldsymbol{S}_{123}^2$都是守恒量. 作为守恒量完全集，可取$(\boldsymbol{S}_{12}^2, \boldsymbol{S}_{123}^2, (S_{123})_z)$，前二者的本征值为

$$\boldsymbol{S}_{12}^2 = S'(S' + 1), \qquad S' = 0,1 \tag{8}$$

$$\boldsymbol{S}_{123}^2 = S(S + 1), \qquad S = \frac{1}{2},\frac{1}{2},\frac{3}{2} \tag{9}$$

代入式(1′)，就得到能级值，可以记为 $E_{SS'}$. 由于体系能量与$(S_{123})_z$，即总自旋 z 分量的本征值$[S, S-1, \cdots, (-S)]$无关，故能级 $E_{SS'}$ 的简并度为$(2S+1)$. 量子数 S'、S 的可能组合以及能级和简并度如下

S'	1		0
S	3/2	1/2	1/2
$E_{SS'}$	$\frac{A}{4}+\frac{B}{2}$	$\frac{A}{4}-B$	$-\frac{3}{4}A$
简并度$(2S+1)$	4	2	2

如不出现偶然简并，体系将有三条能级. 其中 $S'=0$ 相当于

$$\boldsymbol{S}_{12} \to 0, \quad \boldsymbol{s}_1 \sim -\boldsymbol{s}_2$$

所以 $$H \to A\boldsymbol{s}_1 \cdot \boldsymbol{s}_2 \sim -A\boldsymbol{s}_1^2 = -\frac{3}{4}A$$

$S=3/2$ 相当于 $\boldsymbol{s}_1$、$\boldsymbol{s}_2$、$\boldsymbol{s}_3$ 互相"平行"，这时

$$\boldsymbol{s}_1 \cdot \boldsymbol{s}_2 = \boldsymbol{s}_2 \cdot \boldsymbol{s}_3 = \boldsymbol{s}_3 \cdot \boldsymbol{s}_1 = \frac{1}{4} \qquad (\boldsymbol{\sigma}_1 \cdot \boldsymbol{\sigma}_2 = \cdots = 1)$$

所以 $$H \to (A+2B)\boldsymbol{s}_1 \cdot \boldsymbol{s}_2 \to \frac{1}{4}(A+2B)$$

第9章　力学量本征值问题的代数解法

9.1　详细证明见《量子力学习题精选与剖析》[下],4.1题.

4.1　对于一维谐振子,求湮没算符 a 的本征态,将其表示成各能量本征态 $|n\rangle$ 的线性叠加.

解　湮没算符 a 对于能量本征态 $|n\rangle$ 的作用结果为(参看上册题3.1式(26))

$$a\mid n\rangle = \sqrt{n}\mid n-1\rangle \tag{1}$$

除 $n=0$ 以外,一般 $|n\rangle$ 不是算符 a 的本征态(根源于 $\hat{n}$ 和 a 不对易),而且,上式表明 a 的本征态不可能由有限个 $|n\rangle$ 叠加而成,必须包含所有 $|n\rangle$.设

$$\mid\alpha\rangle = \sum_{n=0}^{\infty} C_n(\alpha)\mid n\rangle \tag{2}$$

满足本征方程

$$a\mid\alpha\rangle = \alpha\mid\alpha\rangle \tag{3}$$

α 为本征值.利用式(1),即得

$$\alpha\mid\alpha\rangle = \alpha\sum_n C_n\mid n\rangle = a\sum_n C_n\mid n\rangle = \sum_n C_n\sqrt{n}\mid n-1\rangle$$

以 $\langle n-1|$ 左乘上式,并利用正交归一条件

$$\langle n'\mid n\rangle = \delta_{n'n}$$

即得

$$C_n = \frac{\alpha}{\sqrt{n}}C_{n-1} \tag{4}$$

依次递推,即得

$$C_n = \frac{\alpha^n}{\sqrt{n!}}C_0 \tag{5}$$

C_0 为归一化常数.归一化条件为

$$\langle\alpha\mid\alpha\rangle = \sum_n\mid C_n\mid^2 = \mid C_0\mid^2\sum_n\frac{\mid\alpha^2\mid^n}{n!} = 1$$

由于

$$\sum_{n=0}^{\infty}\frac{\mid\alpha\mid^{2n}}{n!} = e^{|\alpha|^2}$$

所以,

$$C_0 = e^{-\frac{1}{2}|\alpha|^2}e^{i\delta},\quad \delta\text{ 为实数} \tag{6}$$

通常，可取 C_0 为正实数，即取 $\delta=0$. 这时

$$|\alpha\rangle = \sum_n C_n |n\rangle = e^{-\frac{1}{2}|\alpha|^2}\sum_{n=0}^{\infty}\frac{\alpha^n}{\sqrt{n!}}|n\rangle \tag{7}$$

这就是算符 a 的本征态. 由于 a 并非 Hermite 算符，所以本征值 α 原则上可取任意复数. 上式中 $|n\rangle$ 态的成分为

$$|\langle n|\alpha\rangle|^2 = |C_n|^2 = \frac{|\alpha|^{2n}}{n!}e^{-|\alpha|^2} \tag{8}$$

呈 Poisson 分布. 式(7)称为谐振子的相干态(coherent state).

9.2 详细证明见《量子力学习题精选与剖析》[下]，4.3 题.

4.3 证明谐振子相干态可以表示成

$$|\alpha\rangle = e^{\alpha a^+ - \alpha^* a}|0\rangle \tag{1}$$

并求出 $|\alpha\rangle$ 在 x 表象中的表示式 $\langle x|\alpha\rangle$(即波函数).

解 利用产生、湮没算符的基本对易式

$$[a, a^+] = aa^+ - a^+a = 1 \tag{2}$$

即得

$$[a, \alpha a^+ - \alpha^* a] = \alpha[a, a^+] = \alpha \tag{3}$$

反复利用式(3)，可得

$$[a, (\alpha a^+ - \alpha^* a)^n] = n\alpha(\alpha a^+ - \alpha^* a)^{n-1} \tag{4}$$

因此，

$$\begin{aligned}[a, e^{\alpha a^+ - \alpha^* a}] &= \sum_{n=0}^{\infty}\frac{1}{n!}[a, (\alpha a^+ - \alpha^* a)^n] \\ &= \sum_{n=1}^{\infty}\alpha\frac{(\alpha a^+ - \alpha^* a)^{n-1}}{(n-1)!} = \alpha e^{\alpha a^+ - \alpha^* a}\end{aligned} \tag{5}$$

亦即，对于任何 $|\psi\rangle$，均有

$$a e^{\alpha a^+ - \alpha^* a}|\psi\rangle = e^{\alpha a^+ - \alpha^* a}(a+\alpha)|\psi\rangle \tag{5'}$$

但是，对于谐振子的基态 $|0\rangle$，

$$a|0\rangle = 0 \tag{6}$$

因此，

$$a e^{\alpha a^+ - \alpha^* a}|0\rangle = \alpha e^{\alpha a^+ - \alpha^* a}|0\rangle \tag{7}$$

亦即 $e^{\alpha a^+ - \alpha^* a}|0\rangle$ 是算符 a 的本征态，本征值为 α. 因此这就是相干态 $|\alpha\rangle$.

利用公式(参看《量子力学习题精选与剖析》[下]题 3.7)

$$e^{A+B} = e^A e^B e^{-\frac{1}{2}[A,B]} \tag{8}$$

可得

$$e^{\alpha a^+ - \alpha^* a} = e^{\alpha a^+} e^{-\alpha^* a} e^{-\frac{1}{2}|\alpha|^2} \tag{9}$$

代入式(1),即得

$$|\alpha\rangle = e^{-\frac{1}{2}|\alpha|^2} e^{\alpha a^+} e^{-\alpha^* a} |0\rangle$$

其中

$$e^{-\alpha^* a} |0\rangle = \sum_{n=0}^{\infty} \frac{(-\alpha^*)^n}{n!} a^n |0\rangle = |0\rangle$$

因此

$$|\alpha\rangle = e^{-\frac{1}{2}|\alpha|^2} e^{\alpha a^+} |0\rangle = e^{-\frac{1}{2}|\alpha|^2} \sum_n \frac{\alpha^n}{n!} (a^+)^n |0\rangle$$

利用公式

$$a^+ |n\rangle = \sqrt{n+1} |n+1\rangle \tag{10}$$

即得

$$(a^+)^n |0\rangle = \sqrt{n!} |n\rangle \tag{11}$$

因此

$$|\alpha\rangle = e^{-\frac{1}{2}|\alpha|^2} \sum_{n=0}^{\infty} \frac{\alpha^n}{\sqrt{n!}} |n\rangle \tag{12}$$

写成 x 表象中波函数,就是

$$\psi_\alpha(x) = \langle x | \alpha \rangle = e^{-\frac{1}{2}|\alpha|^2} \sum_n \frac{\alpha^n}{\sqrt{n!}} \psi_n(x) \tag{13}$$

下面给出相干态波函数的另一种表示式.

先将式(1)中算符写成如下形式:

$$e^{\alpha a^+ - \alpha^* a} = \exp\left[\sqrt{\frac{m\omega}{2\hbar}} (\alpha - \alpha^*) x - i \frac{\alpha + \alpha^*}{\sqrt{2m\omega\hbar}} p\right] \tag{14}$$

再利用公式(8),即得

$$e^{\alpha a^+ - \alpha^* a} = \exp\left[\sqrt{\frac{m\omega}{2\hbar}} (\alpha - \alpha^*) x\right] \exp\left[-i \frac{\alpha + \alpha^*}{\sqrt{2m\omega\hbar}} p\right] \cdot \exp\left[\frac{1}{4}(\alpha^{*2} - \alpha^2)\right] \tag{15}$$

式(1)的 x 表象为

$$\psi_\alpha(x) = \langle x | \alpha \rangle = e^{\alpha a^+ - \alpha^* a} \psi_0(x) \tag{1'}$$

将式(11)代入式(1'),并取

$$p = -i\hbar \frac{\partial}{\partial x}$$

即得

$$\psi_\alpha(x) = \langle x | \alpha \rangle = e^{i\theta} e^{i\bar{p}x/\hbar} e^{-\bar{x}\frac{\partial}{\partial x}} \psi_0(x) \tag{16}$$

其中

$$\mathrm{i}\theta = \frac{1}{4}(\alpha^{*2} - \alpha^2) \tag{17}$$

$$\bar{x} = \sqrt{\frac{\hbar}{2m\omega}}(\alpha + \alpha^*) \tag{18}$$

$$\bar{p} = \mathrm{i}\sqrt{\frac{m\omega\hbar}{2}}(\alpha^* - \alpha) \tag{19}$$

(参看《量子力学习题精选与剖析》[下]题 4.2). 式(16)中 $\mathrm{e}^{-\bar{x}\frac{\partial}{\partial x}}$即平移算符,它对波函数的作用是

$$\mathrm{e}^{-\bar{x}\frac{\partial}{\partial x}}\psi(x) = \sum_{n=0}^{\infty}\frac{(-\bar{x})^n}{n!}\left(\frac{\partial}{\partial x}\right)^n\psi(x) = \psi(x - \bar{x}) \tag{20}$$

代入式(16),即得相干态波函数的具体函数形式:

$$\psi_\alpha(x) = \langle x \mid \alpha\rangle = \mathrm{e}^{\mathrm{i}\theta}\mathrm{e}^{\mathrm{i}\bar{p}x/\hbar}\psi_0(x - \bar{x}) \tag{21}$$

其中 $\psi_0(x)$是谐振子基态波函数.

如 α 是实数,则 $\theta=0, \bar{p}=0$,上式变成

$$\psi_\alpha(x) = \psi_0(x - \bar{x}) \tag{22}$$

其意义为:将基态作空间平移,即得相干态,平移的距离等于相干态中 x 的平均值. 式(22)的波形如右图所示.

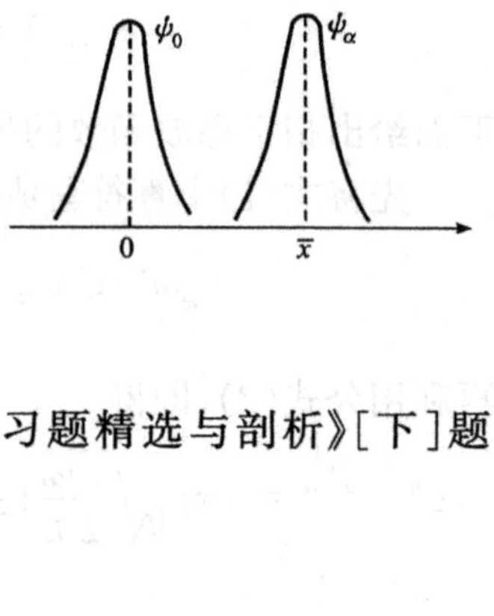

由于 $\psi_0(x)$和 $\psi_\alpha(x)$的波形相同,所以 Δx 及 Δp 均为

$$\Delta x = \sqrt{\hbar/2m\omega}$$

$$\Delta p = \sqrt{m\omega\hbar/2}$$

乘积为

$$\Delta x \cdot \Delta p = \hbar/2$$

刚好等于测不准关系所规定的下限(参看《量子力学习题精选与剖析》[下]题 4.2).

9.3 分析和解答见《量子力学》卷Ⅰ,502~503 页.

本题可严格求解,并可以与微扰论计算结果比较. 在 Schrödinger 方程

$$-\frac{\hbar^2}{2m}\frac{\mathrm{d}^2}{\mathrm{d}x^2}\psi + \left(\frac{1}{2}m\omega_0^2x^2 - q\mathscr{E}x\right)\psi = E\psi \tag{1}$$

中,令

$$\xi = \alpha x, \quad a = \sqrt{m\omega_0/\hbar} \tag{2}$$

则

$$\frac{d^2}{d\xi^2}\psi - \left[\xi^2 - \frac{2q\mathscr{E}}{\omega_0\sqrt{m\hbar\omega_0}}\xi\right]\psi = -\frac{2E}{\hbar\omega_0}\psi \tag{3}$$

再令

$$\xi_0 = q\mathscr{E}/\omega_0\sqrt{m\hbar\omega_0} \tag{4}$$

$$\eta = \xi - \xi_0 \tag{5}$$

$$\lambda = \frac{2E}{\hbar\omega_0} + \xi_0^2 \tag{6}$$

则

$$\frac{d^2}{d\eta^2}\psi - \eta^2\psi + \lambda\psi = 0 \tag{7}$$

式(7)与谐振子的能量本征方程完全相同[见《量子力学》,卷Ⅰ §3.4 式(8)].只当 $\lambda = 2n+1(n=0,1,2,\cdots)$时,才能得到在全空间有界的解,即能量可能取值为

$$\begin{aligned} E_n &= \left(n+\frac{1}{2}\right)\hbar\omega_0 - \frac{1}{2}\xi_0^2\hbar\omega_0 \\ &= \left(n+\frac{1}{2}\right)\hbar\omega_0 - \frac{q^2\mathscr{E}^2}{2m\omega_0^2} \end{aligned} \tag{8}$$

与微扰论计算结果原书式(25)完全相同.相应的本征函数为

$$\begin{aligned} \psi_n &= N_n\exp[-\frac{1}{2}\eta^2]H_n(\eta) \\ &= N_n\exp[-\frac{1}{2}(\xi-\xi_0)^2]H_n(\xi-\xi_0) \\ &= N_n\exp[-\frac{1}{2}\alpha^2(x-x_0)^2]H_n(\alpha(x-x_0)) \end{aligned} \tag{9}$$

其中

$$x_0 = \xi_0/\alpha = q\mathscr{E}/m\omega_0^2$$

是有外电场 $\mathscr{E}$ 的情况下,谐振子的新的平衡点的位置,与原书式(27)的结果是相同的.当然,波函数(9)与一级微扰波函数(26)并不完全相同,但如式(9)对 ξ 作 Taylor 展开,准确到微扰(即 $\mathscr{E}$)的一次幂项,并利用 Hermite 多项式的递推关系,可证明与原书式(26)波函数相同.

9.4 解答见《量子力学习题精选与剖析》[上],6.5 题.

6.5 限于 $l=1(\boldsymbol{l}^2=2\hbar^2)$,求$(\boldsymbol{l}^2,l_x)$的共同本征函数,表示成球谐函数 $Y_{lm}(\theta,\varphi)$的线性叠加.

解 $l=1$ 时,l_z 的本征值为 0 及 $\pm\hbar$.由 x、y、z 的轮换对称性可知 l_x(以及 l_y)的本征值也是 0 及 $\pm\hbar$.相应的$(\boldsymbol{l}^2,l_x)$的共同本征函数如记为 ϕ_{11}、ϕ_{10}、ϕ_{1-1},

它们可以利用(l^2, l_z)的共同本征函数 Y_{11}、Y_{10}、Y_{1-1}的具体函数形式,用 x、y、z 轮换的方法求出.当

$$x \to y, y \to z, z \to x$$

有

$$l_x \to l_y, l_y \to l_z, l_z \to l_x, l^2 \text{ 不变}$$

已知

$$Y_{11} = -\sqrt{\frac{3}{8\pi}}\sin\theta e^{i\varphi} = -\sqrt{\frac{3}{8\pi}}\frac{x + iy}{r} \tag{1'}$$

$$Y_{10} = \sqrt{\frac{3}{4\pi}}\cos\theta = \sqrt{\frac{3}{4\pi}}\frac{z}{r} \tag{1''}$$

$$Y_{1-1} = \sqrt{\frac{3}{8\pi}}\sin\theta e^{-i\varphi} = \sqrt{\frac{3}{8\pi}}\frac{x - iy}{r} \tag{1'''}$$

经过 x、y、z 轮换,成为

$$Y_{11} \to -\sqrt{\frac{3}{8\pi}}\frac{y + iz}{r} = -i\left(\frac{1}{2}Y_{11} + \frac{1}{\sqrt{2}}Y_{10} + \frac{1}{2}Y_{1-1}\right) \tag{2'}$$

$$Y_{10} \to \sqrt{\frac{3}{4\pi}}\frac{x}{r} = \frac{1}{\sqrt{2}}(-Y_{11} + Y_{1-1}) \tag{2''}$$

$$Y_{1-1} \to \sqrt{\frac{3}{8\pi}}\frac{y - iz}{r} = i\left(\frac{1}{2}Y_{11} - \frac{1}{\sqrt{2}}Y_{10} + \frac{1}{2}Y_{1-1}\right) \tag{2'''}$$

选择适当的相因子后,可取

$$\phi_{11} = \frac{1}{2}Y_{11} + \frac{1}{\sqrt{2}}Y_{10} + \frac{1}{2}Y_{1-1} \qquad (l_x = \hbar) \tag{3'}$$

$$\phi_{10} = \frac{1}{\sqrt{2}}(Y_{11} - Y_{1-1}) \qquad (l_x = 0) \tag{3''}$$

$$\phi_{1,-1} = \frac{1}{2}Y_{11} - \frac{1}{\sqrt{2}}Y_{10} + \frac{1}{2}Y_{1-1} \qquad (l_x = -\hbar) \tag{3'''}$$

它们都已经归一化.注意 ϕ_{10}中没有 Y_{10}的成分(参看上题).

9.5 分析与证明见《量子力学习题精选与剖析》[下],7.3 题,或见《量子力学》,卷Ⅰ,487~489 页,例 1.

例 1 设单粒子能级的定态波函数是($j^2 j_z$)的本征态,记为 ϕ_{jm},能级与 m 无关,为$(2j+1)$重简并.设有两个全同粒子处于此能级上.证明:(a)交换对称态和反对称态的数目分别为$(j+1)(2j+1)$和 $j(2j+1)$.(b)无论粒子是 Bose 子或 Fermi 子,体系的角动量 J 必为偶数.

对于 Bose 子(j=非负整数), $J = 2j, 2j-2, \cdots, 2, 0$

对于 Fermi 子(j=半奇数)， $J=2j-1,2j-3,\cdots,2,0$

证明

(a)设两个粒子分别处于 ϕ_{jm_1} 和 ϕ_{jm_2} 上(j 取定),则归一化的对称波函数可表示为:

$m_1 \neq m_2$ 情况， $\dfrac{1}{\sqrt{2}}\left[\phi_{jm_1}(1)\phi_{jm_2}(2)+\phi_{jm_1}(2)\phi_{jm_2}(1)\right]$

共 $j(2j+1)$个(为什么?)

$m_1=m_2=m$ 情况， $\phi_{jm}(1)\phi_{jm}(2)$

共($(2j+1)$)个.所以总数为$(j+1)(2j+1)$.

类似可以求出归一化的反对称波函数,$m_1 \neq m_2$(Pauli 原理),

$$\frac{1}{\sqrt{2}}\left[\phi_{jm_1}(1)\phi_{jm_2}(2)-\phi_{jm_1}(2)\phi_{jm_2}(1)\right]$$

共($j(2j+1)$)个.可见,交换对称与反对称态的总数为$(2j+1)^2$.这与不计及交换对称性的波函数

$$\phi_{jm_1}(1)\phi_{jm_2}(2),m_1,m_2=j,j-1,\cdots,-j+1,-j$$

的总数相同.这是因为,对于两粒子体系,波函数总可以经过线性叠加后,使之变成交换对称波函数,或者交换反对称波函数,两者必居其一.对于三个或更多粒子组成的体系,此结论不成立.(为什么?)

(b)设两个粒子角动量耦合为 J,波函数表示为

$$\psi(j^2JM)=\sum_{m_1m_2}(jm_1jm_2 \mid JM)\phi_{jm_1}(1)\phi_{jm_2}(2)$$

因此

$$P_{12}\psi(j^2JM)=\sum_{m_1m_2}(jm_1jm_2 \mid JM)\phi_{jm_1}(2)\phi_{jm_2}(1)$$

把 $m_1 \leftrightarrow m_2$ $$=\sum_{m_1m_2}(jm_2jm_1 \mid JM)\phi_{jm_2}(2)\phi_{jm_1}(1)$$

利用 CG 系数对称性 $$=(-1)^{2j-J}\sum_{m_1m_2}(jm_1jm_2 \mid JM)\phi_{jm_1}(1)\phi_{jm_2}(2)$$

$$=(-1)^{2j-J}\psi(j^2JM)$$

对于 Fermi 子(j=半奇数),$2j$=奇数,但要求 $P_{12}\psi=-\psi$,即$(-1)^{2j-J}=-1$,所以 J=偶数.$J_{\max}=2j-1$,($J_{\max}=2j$ 情况,只能构成交换对称态,为什么?)因此

$$J=(2j-1),(2j-3),\cdots,2,0$$

试验证其总数为 $j(2j+1)$.

对于 Bose 子(j=整数),$2j$=偶,但要求 $P_{12}\psi=\psi$,即$(-1)^{2j-J}=1$,所以 J=偶数,

$$J=2j,2j-2,\cdots,2,0$$

《量子力学习题精选与剖析》[下],7.3题.

7.3 两个全同粒子,处于中心外力场中,单粒子能级为 E_{nlj}(与单粒子总角动量量子数 j 有关).试证明:不管它们是Bose子(j 为整数)还是Fermi子(j 为半奇数),当它们处于同一个单粒子能级时,体系的总角动量量子数 J 必为偶数.

证 这两粒子体系的总波函数可以取为守恒量完全集($H,\boldsymbol{J}_1^2,\boldsymbol{J}_2^2,\boldsymbol{J}^2,J_z$)的共同本征函数

$$\Psi(1,2) = R(r)\psi(j_1j_2JM) \tag{1}$$

其中 $R(r)$ 为径向波函数($r=|\boldsymbol{r}_1-\boldsymbol{r}_2|$),它是交换对称的;$\psi(j_1j_2JM)$ 为($\boldsymbol{J}_1^2,\boldsymbol{J}_2^2,\boldsymbol{J}^2,J_z$)的共同本征函数,它的交换对称性和 $\Psi(1,2)$ 的相同.当两个粒子处于同一条能级 E_{nlj} 时,$j_1=j_2=j$,按角动量耦合法则,当不考虑对称性时 J 的可能取值是

$$J = 2j,2j-1,\cdots,1,0 \tag{2}$$

以 ϕ_{jm} 表示单粒子角动量本征态,按照角动量耦合的理论,在非耦合表象中 $\psi(jjJM)$ 的表示式为

$$\psi(jjJM) = \sum_{m_1,m_2}\langle jm_1jm_2 \mid JM\rangle \phi_{jm_1}(1)\phi_{jm_2}(2) \tag{3}$$

根据C.G.系数的对称性公式

$$\langle jm_1jm_2 \mid JM\rangle = (-1)^{2j-J}\langle jm_2jm_1 \mid JM\rangle \tag{4}$$

易知:当($2j-J$)为偶数,

$$\langle jm_1jm_2 \mid JM\rangle = \langle jm_2jm_1 \mid JM\rangle$$

相应的 $\psi(jjJM)$ 为交换对称;

当($2j-J$)为奇数,

$$\langle jm_1jm_2 \mid JM\rangle = -\langle jm_2,jm_1 \mid JM\rangle$$

相应的 $\psi(jjJM)$ 为交换反对称.

对于Bose子体系,$2j$ 为偶数,而 $\psi(jjJM)$ 应该交换对称,故 J 应取偶数.对于Fermi子体系,$2j$ 为奇数,而 $\psi(jjJM)$ 应该是反对称函数,故 J 也应取偶数.

讨论 给定 $j_1=j_2=j$ 后,共有($2j+1$)种单粒子状态[$\phi_{jm},m=j,j-1,\cdots,(-j)$],两粒子体系(不考虑对称性)的独立状态数为 $(2j+1)^2$,其中对称态比反对称态多($2j+1$)种(参看《量子力学习题精选与剖析》[下]7.1题),所以

$$\begin{aligned}\text{对称态数目} &= (j+1)(2j+1)\\ \text{反对称态数目} &= j(2j+1)\end{aligned} \tag{5}$$

从另一方面看,给定 $j_1=j_2=j$ 后,J 的可能取值如式(2)所示,每种 J 值又有($2J+1$)种 M 值与之相应,所以体系状态总数为

$$\sum_{J=0}^{2j}(2J+1) = \frac{1}{2}(2j+1)(1+4j+1)$$
$$= (2j+1)^2$$

当 $2j$ 为奇数,对称态和反对称态各有 $\frac{1}{2}(2j+1)$ 种 J 值,

对称态　　$J=2j,2j-2,\cdots,1$

反对称态　　$J=2j-1,2j-3,\cdots,0$

易见对称态数目比反对称态数目多$\frac{1}{2}(2j+1)\times 2=2j+1$.($J=2j$ 和$J=2j-1$ 相比,前者状态数多2,依此类推.)

当$2j$ 为偶数(j 为整数),对称态有$(j+1)$种 J 值,反对称态有 j 种J 值,

对称态　　$J=2j,2j-2,\cdots,2,0$

反对称态　　$J=2j-1,2j-3,\cdots,1$

易见对称态数目仍比反对称态数目多$(2j+1)$.所以,无论$2j$ 是奇数还是偶数,对称态和反对称态数目均为式(5).

Bose 子体系应为对称态,状态数目为$(j+1)(2j+1)$;

Fermi 子体系应为反对称态,状态数目为 $j(2j+1)$,与式(5)一致.

9.6　分析与证明见《量子力学习题精选与剖析》[下]7.4 题,或见《量子力学》,卷Ⅰ,491～492 页,例 2.

例 2　设原子中有两个价电子,处于能级 E_{nl} 上.在 LS 耦合方案下,证明 $L+S$必为偶数.讨论 L、S 及总角动量J 的可能取值.

按 LS 耦合

$$\boldsymbol{l}_1+\boldsymbol{l}_2=\boldsymbol{L},\quad \boldsymbol{s}_1+\boldsymbol{s}_2=\boldsymbol{S},\quad \boldsymbol{L}+\boldsymbol{S}=\boldsymbol{J}$$

自旋的耦合

$$s_1=s_2=1/2$$

$$S=\begin{cases}1 & (\text{对称,三重态})\\ 0 & (\text{反对称,单态})\end{cases}$$

轨道角动量的耦合

$$l_1=l_2=l$$

$$L=2l,2l-1,\cdots,1,0$$

其中 $L=$偶是对称态,$L=$奇是反对称态,总的波函数(对于交换全部坐标,包括自旋)要求反对称,所以

$$S=0\text{ 时},\quad L=2l,2l-2,\cdots,0$$

$$S=1\text{ 时},\quad L=2l-1,2l-3,\cdots,1$$

在两种情况下,$L+S$ 都为偶数.但

$$J=L+S,L+S-1,\cdots,|L-S|$$

对于,　　$S=0$, $J=L=$偶

　　　　$S=1$, $J=L+1,L,|L-1|$

J 可以为偶数,也可以为奇数.

《量子力学习题精选与剖析》[下],7.4 题.

7.4 原子中处于同一个单电子能级 E_{nl} 上的两个电子,讨论其总 L、S、J 的可能取值,证明 $L+S=$偶数.

解 以 $\boldsymbol{l}_1$、$\boldsymbol{s}_1$、$\boldsymbol{j}_1$ 及 $\boldsymbol{l}_2$、$\boldsymbol{s}_2$、$\boldsymbol{j}_2$ 分别表示电子 1、2 的轨道、自旋和总角动量,以 $\boldsymbol{L}$、$\boldsymbol{S}$、$\boldsymbol{J}$ 表示两电子体系的总轨道角动量、总自旋和总角动量.

$$\begin{gathered}\boldsymbol{L}=\boldsymbol{l}_1+\boldsymbol{l}_2, \quad \boldsymbol{S}=\boldsymbol{s}_1+\boldsymbol{s}_2 \\ \boldsymbol{J}=\boldsymbol{L}+\boldsymbol{S}=\boldsymbol{j}_1+\boldsymbol{j}_2\end{gathered} \tag{1}$$

$\boldsymbol{J}$ 的构成可取 L-S 耦合,也可取 j-j 耦合,我们取 L-S 耦合,即取守恒量完全集为 $(H,\boldsymbol{L}^2,\boldsymbol{S}^2,\boldsymbol{J}^2,J_z)$. 在以下的讨论中取 $\hbar=1$.

总自旋量子数记为 S, $\boldsymbol{S}^2$ 的本征值为 $S(S+1)$, $S=1$ 相应于自旋三重态(对称态)$\chi_{1M_S}(M_S=1,0,-1)$, $S=0$ 相应于自旋单态(反对称态)χ_{00}.

总轨道角动量量子数记为 L, $\boldsymbol{L}^2$ 的本征值为 $L(L+1)$. 由于两个电子处于同一能级 E_{nl},所以 $l_1=l_2=l$,根据角动量耦合法则,L 的取值为

$$L=2l,2l-1,\cdots,1,0 \tag{2}$$

L 为偶数时,是对称态;L 为奇数时,是反对称态(参看 7.2 题).

电子是 Fermi 子,总波函数应该是反对称的. 因此

$$\begin{gathered}S=0, \quad L\text{ 取偶数} \\ S=1, \quad L\text{ 取奇数}\end{gathered} \tag{3}$$

体系总角动量 $\boldsymbol{J}$ 的平方的本征值为 $\boldsymbol{J}^2=J(J+1)$,按照角动量耦合法则,J 的可能取值是

$$J=L+S,L+S-1,\cdots,|L-S| \tag{4}$$

当 $S=0$, $J=L$,必为偶数;当 $S=1$, $J=L+1,L,L-1$,有偶数,也有奇数. 但式(3)表明,$L+S$ 必为偶数.

9.7 详细分析与证明见《量子力学习题精选与剖析》[下],6.15 题.

6.15 两个大小相等的、属于不同自由度的角动量 $\boldsymbol{J}_1$ 和 $\boldsymbol{J}_2$ 耦合成总角动量 $\boldsymbol{J}=\boldsymbol{J}_1+\boldsymbol{J}_2$,取 $\hbar=1$,设

$$\boldsymbol{J}_1^2=\boldsymbol{J}_2^2=j(j+1) \tag{1}$$

则

$$\boldsymbol{J}^2=J(J+1), \qquad J=2j,2j-1,\cdots,1,0 \tag{2}$$

在总角动量量子数 $J=0$ 的状态下,求 J_{1z} 和 J_{2z} 的可能取值及相应概率.

解 $(\boldsymbol{J}_1^2,J_{1z})$ 的本征态记为 $|jm_1\rangle_1$, $(\boldsymbol{J}_2^2,J_{2z})$ 的本征态记为 $|jm_2\rangle_2$, $(\boldsymbol{J}_1^2,\boldsymbol{J}_2^2,\boldsymbol{J}^2,J_z)$ 的共同本征态记为 $|jjJM\rangle$, M 为 J_z 的本征值. $|jjJM\rangle$ 也可简记为 $|JM\rangle$.

$J=0$ 时,$M=0$, $m_1=-m_2=m$,故所讨论的状态可以表示为

$$|jj00\rangle=\sum_m C_m|jm\rangle_1|j-m\rangle_2 \tag{3}$$

C_m 即 $j_1=j_2=j, J=M=0, m_1=-m_2=m$ 时的 C.G. 系数 $\langle j_1m_1j_2m_2|JM\rangle$. $|C_m|^2$ 即 J_{1z} 取值 m(同时 J_{2z} 取值 $-m$)的概率. 下面求 C_m.

由于 $\boldsymbol{J}^2|jj00\rangle=0$, 而 $\boldsymbol{J}^2$ 是正定的, 因此必然有

$$\boldsymbol{J}|jj00\rangle = 0 \tag{4}$$

从而

$$(J_x+\mathrm{i}J_y)|jj00\rangle = 0 \tag{5}$$

其中

$$J_x+\mathrm{i}J_y=(J_{1x}+\mathrm{i}J_{1y})+(J_{2x}+\mathrm{i}J_{2y})=J_{1+}+J_{2+} \tag{6}$$

根据角动量升降算符的基本公式,

$$\begin{aligned} J_{1+}|jm\rangle_1 &= (J_{1x}+\mathrm{i}J_{1y})|jm\rangle_1 = a_{jm}|jm+1\rangle_1 \\ a_{jm} &= \sqrt{(j-m)(j+m+1)} \end{aligned} \tag{7a}$$

$$\begin{aligned} J_{2+}|j,-m\rangle_2 &= (J_{2x}+\mathrm{i}J_{2y})|j,-m\rangle_2 \\ &= a_{j,-m}|j,1-m\rangle_2 \end{aligned} \tag{7b}$$

$$a_{j,-m}=\sqrt{(j+m)(j-m+1)}=a_{j,m-1}$$

将式(5)至(7)代入式(3), 即得

$$\sum_m C_m[a_{jm}|j,m+1\rangle_1|j,-m\rangle_2 + a_{j,m-1}|jm\rangle_1|j,1-m\rangle_2]=0 \tag{8}$$

由于

$$\sum_m C_m a_{j,m-1}|jm\rangle_1|j,1-m\rangle_2 \xRightarrow{m\to m+1} \sum_m C_{m+1}a_{jm}|jm+1\rangle_1|j,-m\rangle_2$$

因此式(8)即

$$\sum_m (C_m+C_{m+1})a_{jm}|jm+1\rangle_1|j,-m\rangle_2=0 \tag{8$'$}$$

由于各基矢是线性独立的, 因此必有

$$(C_m+C_{m+1})a_{jm}=0 \tag{9}$$

亦即

$$C_m=-C_{m+1}, \qquad m=j-1, j-2, \cdots, (-j) \tag{9$'$}$$

式(3)中 $|jj00\rangle$、$|jm\rangle_1$、$|j,-m\rangle_2$ 等都是正交归一化的, 而 m 共有 $(2j+1)$ 种取值, 由归一化条件

$$\sum_m |C_m|^2=1 \tag{10}$$

和式(9′), 立刻得到 $|C_m|^2=1/(2j+1)$. 如取

$$C_j=1/\sqrt{2j+1}$$

就有

$$C_m=(-1)^{j-m}C_j=(-1)^{j-m}\frac{1}{\sqrt{2j+1}} \tag{11}$$

代入式(3)即得

$$|jj00\rangle = \frac{1}{\sqrt{2j+1}}\sum_m (-1)^{j-m}\,|jm\rangle_1\,|j,-m\rangle_2 \tag{12}$$

显然,在$J_{1z}=-J_{2z}$的前提下,J_{1z}和J_{2z}取各本征值$(j,j-1,\cdots,-j)$的概率相等,均为$1/(2j+1)$.

9.8 详细分析与证明见《量子力学习题精选与剖析》[下],6.19题.

6.19 设$\boldsymbol{J}_1$和$\boldsymbol{J}_2$为属于不同自由度的角动量,则它们之和$\boldsymbol{J}=\boldsymbol{J}_1+\boldsymbol{J}_2$也是角动量.试对$(\boldsymbol{J}_1^2,\boldsymbol{J}_2^2,\boldsymbol{J}^2,J_z)$的共同本征态$|j_1j_2jm\rangle$计算$\boldsymbol{J}_1$和$\boldsymbol{J}_2$的平均值.(取$\hbar=1$)

解 $\boldsymbol{J}_1$、$\boldsymbol{J}_2$各自满足角动量算符基本对易式

$$\boldsymbol{J}_1\times\boldsymbol{J}_1 = \mathrm{i}\boldsymbol{J}_1,\quad \boldsymbol{J}_2\times\boldsymbol{J}_2 = \mathrm{i}\boldsymbol{J}_2 \tag{1}$$

$\boldsymbol{J}_1$、$\boldsymbol{J}_2$属于不同自由度,彼此对易,于是

$$\begin{aligned}[J_x,J_{1x}] &= [J_{1x}+J_{2x},J_{1x}] = 0\\ [J_x,J_{1y}] &= [J_{1x}+J_{2x},J_{1y}] = \mathrm{i}J_{1z}\end{aligned} \tag{2}$$

$\boldsymbol{J}$和$\boldsymbol{J}_2$也有类似关系.总之,$\boldsymbol{J}_1$或$\boldsymbol{J}_2$与$\boldsymbol{J}$之间满足上题中矢量算符$\boldsymbol{A}$和$\boldsymbol{J}$之间的全部关系.而且

$$\boldsymbol{J}\cdot\boldsymbol{J}_1 = \boldsymbol{J}_1^2+\boldsymbol{J}_2\cdot\boldsymbol{J}_1 = \frac{1}{2}(\boldsymbol{J}^2+\boldsymbol{J}_1^2-\boldsymbol{J}_2^2) \tag{3}$$

$$\boldsymbol{J}\cdot\boldsymbol{J}_2 = \boldsymbol{J}_2^2+\boldsymbol{J}_1\cdot\boldsymbol{J}_2 = \frac{1}{2}(\boldsymbol{J}^2+\boldsymbol{J}_2^2-\boldsymbol{J}_1^2) \tag{4}$$

利用上题的式(5),即得

$$j(j+1)\langle\boldsymbol{J}_1\rangle_{j_1j_2jm} = \frac{1}{2}[j(j+1)+j_1(j_1+1)-j_2(j_2+1)]\langle\boldsymbol{J}\rangle_{j_1j_2jm} \tag{5}$$

$$j(j+1)\langle\boldsymbol{J}_2\rangle_{j_1j_2jm} = \frac{1}{2}[j(j+1)+j_2(j_2+1)-j_1(j_1+1)]\langle\boldsymbol{J}\rangle_{j_1j_2jm} \tag{6}$$

由于在$|J_z=m\rangle$态中

$$\langle J_x\rangle = \langle J_y\rangle = 0,\quad \langle J_z\rangle = m$$

所以式(5)和(6)给出

$$\begin{aligned}\langle J_{1x}\rangle_{j_1j_2jm} &= \langle J_{1y}\rangle_{j_1j_2jm} = \langle J_{2x}\rangle_{j_1j_2jm} = \langle J_{2y}\rangle_{j_1j_2jm} = 0\\ \langle J_{1z}\rangle_{j_1j_2jm} &= m\frac{j(j+1)+j_1(j_1+1)-j_2(j_2+1)}{2j(j+1)}\\ \langle J_{2z}\rangle_{j_1j_2jm} &= m\frac{j(j+1)+j_2(j_2+1)-j_1(j_1+1)}{2j(j+1)}\\ &= m-\langle J_{1z}\rangle_{j_1j_2jm}\end{aligned} \tag{7}$$

第10章 微 扰 论

10.2 详细分析和解答见《量子力学》卷Ⅰ, 518～521页.

Hamilton 量为

$$H = \frac{1}{2m}(p_1^2 + p_2^2) + \frac{1}{2}m\omega_0^2(x_1^2 + x_2^2) - \lambda x_1 x_2 \tag{1}$$

其中 x_1 与 x_2 分别表示两个谐振子的坐标. 最后一项是刻画两个谐振子相互作用的耦合项, λ 表示耦合的强度. 设 λ 比较小, 把 H 中的

$$H' = -\lambda x_1 x_2 \tag{2}$$

看成微扰, 而 H_0 取为

$$H_0 = \frac{1}{2m}(p_1^2 + p_2^2) + \frac{1}{2}m\omega_0^2(x_1^2 + x_2^2) \tag{3}$$

它表示两个彼此独立的谐振子. 它的本征函数及本征能量可分别表为

$$\psi_{n_1,n_2}(x_1,x_2) = \psi_{n_1}(x_1)\psi_{n_2}(x_2) \tag{4}$$

$$\begin{aligned} E_{n_1 n_2} &= \left(n_1 + \frac{1}{2}\right)\hbar\omega_0 + \left(n_2 + \frac{1}{2}\right)\hbar\omega_0 \\ &= (n_1 + n_2 + 1)\hbar\omega_0 \\ & \qquad n_1, n_2 = 0,1,2,\cdots \end{aligned} \tag{5}$$

令

$$N = (n_1 + n_2) \tag{6}$$

则能量表示式可改为

$$E_N = (N+1)\hbar\omega_0 \qquad N = 0,1,2,\cdots \tag{7}$$

由式(6)可以看出, 对于 $N \neq 0$ 情况, 能级是简并的, 简并度为 $(N+1)$. (为什么?)

以 $N=1$ 为例, 能级为二重简并. 能量本征值为

$$E_1 = 2\hbar\omega_0$$

相应的本征函数为 $\psi_0(x_1)\psi_1(x_2)$ 与 $\psi_1(x_1)\psi_0(x_2)$ (或者它们的线性叠加). 为表示方便, 记

$$\psi_0(x_1)\psi_1(x_2) = \phi_1(x_1,x_2)$$

$$\psi_1(x_1)\psi_0(x_2) = \phi_2(x_1,x_2)$$

并选 ϕ_1 与 ϕ_2 为基矢, 利用谐振子的坐标的矩阵元公式, 可以求得微扰 $W = -x_1 x_2$ 的矩阵元如下:

$$W_{11} = W_{22} = 0$$

$$W_{12} = W_{21} = -\hbar/2m\omega_0$$

可得出能量的一级修正为

$$E_{\mp}{}^{(1)} = \pm W_{12} = \mp \hbar/2m\omega_0$$

因此,原来二重简并的能级 E_1 变成两条,能量分别为

$$E_{\mp} = 2\hbar\omega_0 \mp \lambda\hbar/2m\omega_0 \tag{8}$$

能级简并被解除．类似还可以求其他能级的分裂,如下图所示．

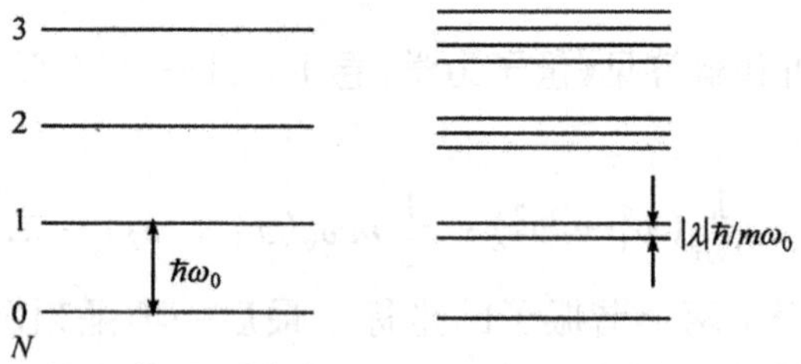

本题还可以严格求解,作坐标变换,令

$$x_1 = (\xi + \eta)/\sqrt{2},\ x_2 = (\xi - \eta)/\sqrt{2} \tag{9}$$

其逆变换为

$$\xi = (x_1 + x_2)/\sqrt{2},\ \eta = (x_1 - x_2)/\sqrt{2} \tag{10}$$

容易证明

$$x_1^2 + x_2^2 = \xi^2 + \eta^2 \tag{11}$$

$$x_1 x_2 = (\xi^2 - \eta^2)/2$$

$$\frac{\partial^2}{\partial x_1^2} + \frac{\partial^2}{\partial x_2^2} = \frac{\partial^2}{\partial \xi^2} + \frac{\partial^2}{\partial \eta^2}$$

因此,Schrödinger 方程

$$-\frac{\hbar^2}{2m}\left(\frac{\partial^2}{\partial x_1^2} + \frac{\partial^2}{\partial x_2^2}\right)\psi + \left[\frac{1}{2}m\omega_0^2(x_1^2 + x_2^2) - \lambda x_1 x_2\right]\psi = E\psi \tag{12}$$

化为

$$\left\{-\frac{\hbar^2}{2m}\left(\frac{\partial^2}{\partial \xi^2} + \frac{\partial^2}{\partial \eta^2}\right) + \frac{1}{2}m\omega_0^2(\xi^2 + \eta^2) - \frac{\lambda}{2}(\xi^2 - \eta^2)\right\}\psi = E\psi \tag{13}$$

令

$$\frac{1}{2}m\omega_0^2\xi^2 - \frac{\lambda}{2}\xi^2 = \frac{1}{2}m\omega_1^2\xi^2$$

$$\frac{1}{2}m\omega_0^2\eta^2 + \frac{\lambda}{2}\eta^2 = \frac{1}{2}m\omega_2^2\eta^2$$

即

$$\omega_1^2 = \omega_0^2 - \lambda/m = \omega_0^2(1 - \lambda/m\omega_0^2)$$

$$\omega_2^2 = \omega_0^2 + \lambda/m = \omega_0^2(1 + \lambda/m\omega_0^2) \tag{14}$$

于是方程(13)变为

$$\left[\left(-\frac{\hbar^2}{2m}\frac{\partial^2}{\partial\xi^2}+\frac{1}{2}m\omega_1^2\xi^2\right)+\left(-\frac{\hbar^2}{2m}\frac{\partial^2}{\partial\eta^2}+\frac{1}{2}m\omega_2^2\eta^2\right)\right]\psi = E\psi \tag{15}$$

是两个彼此独立的谐振子，其解可取为

$$\psi = \psi_{n_1}(\xi)\psi_{n_2}(\eta)$$

$$\psi_{n_1}(\xi) = \left[\frac{\alpha_1}{\sqrt{\pi}\cdot 2^{n_1}\cdot n_1!}\right]^{1/2} H_{n_1}(\alpha_1\xi)\exp\left[-\frac{1}{2}\alpha_1^2\xi^2\right]$$

$$\alpha_1 = \sqrt{m\omega_1/\hbar} \tag{16}$$

$$\psi_{n_2}(\eta) = \left[\frac{\alpha_2}{\sqrt{\pi}\cdot 2^{n_2}\cdot n_2!}\right]^{1/2} H_{n_2}(\alpha_2\eta)\exp\left[-\frac{1}{2}\alpha_2^2\eta^2\right]$$

$$\alpha_2 = \sqrt{m\omega_2/\hbar}$$

相应的能量为

$$E_{n_1n_2} = \left(n_1+\frac{1}{2}\right)\hbar\omega_1 + \left(n_2+\frac{1}{2}\right)\hbar\omega_2$$

$$n_1, n_2 = 0,1,2,\cdots \tag{17}$$

当$|\lambda| \ll m\omega_0^2$时，由式(14)，得

$$\omega_1 = \omega_0(1-\lambda/m\omega_0^2)^{1/2} \approx \omega_0(1-\lambda/2m\omega_0)$$

$$\omega_2 = \omega_0(1+\lambda/m\omega_0^2)^{1/2} \approx \omega_0(1+\lambda/2m\omega_0)$$

此时

$$E_{n_1n_2} \approx \left(n_1+\frac{1}{2}+n_2+\frac{1}{2}\right)\hbar\omega_0 + (n_2-n_1)\frac{\lambda\hbar}{2m\omega_0}$$

$$=(N+1)\hbar\omega_0 + (n_2-n_1)\frac{\lambda\hbar}{2m\omega_0} \tag{18}$$

例如，$N=1$ 的情况，$(n_1,n_2)=(1,0)$与$(0,1)$，相应的能量分别为

$$E_{10} = 2\hbar\omega_0 - \frac{\lambda\hbar}{2m\omega_0}$$

$$E_{01} = 2\hbar\omega_0 + \frac{\lambda\hbar}{2m\omega_0}$$

能级分裂

$$\Delta E = |E_{01}-E_{10}| = \frac{|\lambda|\hbar}{m\omega_0}$$

这与微扰论计算结果式(8)一致。

10.4 解答见《量子力学习题精选与剖析》[上]，8.16 题．

8.16 在原子结构的计算中，通常将原子核当作点电荷处理．实际上原子核不是点电荷，它有一定的大小．

(a) 以 R 表示原子核半径．设核电荷(Ze)均匀分布于半径为 R 的球内，试用

微扰论(一级近似)估算这种核的有限大小效应对原子的 1s 电子能级的影响.(1s 电子波函数取为类氢离子波函数.)

(b) 设核电荷分布于半径为 R 的球壳上,1s 电子的能级修正又如何?

解 (a) 用 Gauss 定理不难求出球形电荷分布的静电势为

$$\phi(r)=\begin{cases}\dfrac{Ze}{R}\left(\dfrac{3}{2}-\dfrac{1}{2}\dfrac{r^2}{R^2}\right), & r<R\\ \dfrac{Ze}{r}, & r>R\end{cases} \tag{1}$$

电子的势能为 $V(r)=-e\phi(r)$. 而视核为点电荷时电子的势能为$\left(-\dfrac{Ze^2}{r}\right)$,二者之差

$$\begin{aligned}H'&=-e\phi(r)-\left(-\frac{Ze^2}{r}\right)\\&=\begin{cases}Ze^2\left(\dfrac{1}{r}+\dfrac{r^2}{2R^3}-\dfrac{3}{2R}\right), & r<R\\ 0, & r>R\end{cases}\end{aligned} \tag{2}$$

可以视为微扰. 类氢离子中 1s 轨道电子波函数为

$$\psi_{1s}=\left(\frac{Z^3}{\pi a_0^3}\right)^{\frac{1}{2}}\mathrm{e}^{-Zr/a_0} \tag{3}$$

a_0 为 Bohr 半径. 1s 能级的微扰论一级修正为

$$E_{1s}^{(1)}=\langle\psi_{1s}\mid H'\mid\psi_{1s}\rangle=\int_0^R\psi_{1s}^2H'4\pi r^2\mathrm{d}r \tag{4}$$

由于核半径 R 远小于原子半径 a_0/Z,积分时可取

$$\mathrm{e}^{-2Zr/a_0}\approx 1$$

从而求出

$$\begin{aligned}E_{1s}^{(1)}&\approx\frac{4Z^4e^2}{a_0^3}\int_0^R\left(r+\frac{r^4}{2R^3}-\frac{3r^2}{2R}\right)\mathrm{d}r\\&=\frac{2}{5}\frac{Z^4e^2R^2}{a_0^3}=\frac{4}{5}\left(\frac{ZR}{a_0}\right)^2\mid E_{1s}^{(0)}\mid\end{aligned} \tag{5}$$

其中

$$E_{1s}^{(0)}=-\frac{Z^2e^2}{2a_0}$$

为类氢离子基态能级.

(b) 视核电荷 Ze 为球壳电荷分布,容易求出静电势为

$$\phi(r)=\begin{cases}Ze/R, & r<R\\ Ze/r, & r>R\end{cases} \tag{6}$$

因此,微扰作用势为

$$H'=-e\phi(r)-(-Ze^2/r)$$

$$
=\begin{cases} Ze^2\left(\dfrac{1}{r}-\dfrac{1}{R}\right), & r<R \\ 0, & r>R \end{cases} \tag{7}
$$

类似于(a)的计算,给出能级修正为

$$
E_{1s}^{(1)} \approx \frac{2}{3}\frac{Z^4e^2R^2}{a_0^3} = \frac{4}{3}\left(\frac{ZR}{a_0}\right)^2 \mid E_{1s}^{(0)} \mid \tag{8}
$$

讨论 (a),(b) 两种情况的能级修正,数量级相同,和 E_{1s}本身相比,约为

$$
\mid E_{1s}^{(1)}/E_{1s} \mid \sim Z^2R^2/a_0^2 \tag{9}
$$

由于核半径 $R<10^{-12}$cm,而 $a_0=0.53\times10^{-8}$cm,故上式右端不超过 10^{-4}. 如换成 μ 原子(以 μ^- 子代替电子),情况将大不一样. 如 Z 很大,μ^- 子的轨道半径可以接近甚至小于核半径,这时核的有限大小将对 μ 原子的 1s 能级产生巨大影响 .

10.5 解答见《量子力学习题精选与剖析》[上],8.23 题 .

8.23 将类氢离子(核电荷 Ze)放在电场 $\mathscr{E}$(沿 z 方向)中,求第三条能级($n=3$,不考虑自旋和相对论效应)的 Slark 分裂.

解 加电场前,能级 $E_3^{(0)}$ 共对应 9 个状态,量子数(nlm)的取值分别为

(300);(311),(310),(31－1);(322),(321),(320),(32－1),(32－2)

视外电场为微扰,微扰作用势为

$$
H' = e\boldsymbol{\mathscr{E}}\cdot\boldsymbol{r} = e\mathscr{E}z = e\mathscr{E}r\cos\theta \tag{1}
$$

零级波函数 ψ_{nlm}的函数形式为

$$
\psi_{nlm} = R_{nl}(r)\mathrm{Y}_{lm}(\theta,\varphi)
$$

由于 H'和 l_z 对易,H'作用于 ψ_{nlm}的结果,磁量子数 m 不变. 又因为

$$
\cos\theta\mathrm{Y}_{lm} = a_{lm}\mathrm{Y}_{l+1m} + a_{l-1,m}\mathrm{Y}_{l-1m} \tag{2}
$$

$$
a_{lm} = \left[\frac{(l+1)^2-m^2}{(2l+1)(2l+3)}\right]^{\frac{1}{2}}
$$

H'作用于 ψ_{nlm}的结果,量子数 l 将改变 ±1. 因此,在这 9 个简并态之间,在一级微扰作用下能够发生耦合的状态有下列各组:

(300)－(310)－(320),(311)－(321),(31－1)－(32－1)

至于(322)态和(32－2)态,与之有关的 H'矩阵元均为 0,在一级微扰作用下,这两个态并不和其他态发生耦合,即 ψ_{322}、ψ_{32-2}都是正确的(稳定的)零级波函数,能级的一级微扰修正等于 0. 以下三种耦合均将导致能级分裂.

1° (300)－(310)－(320),零级波函数为

$$
\psi^{(0)} = C_0\psi_{300} + C_1\psi_{310} + C_2\psi_{320} \tag{3}
$$

由于

$$
\langle \mathrm{Y}_{10} \mid \cos\theta \mid \mathrm{Y}_{00} \rangle = \frac{1}{\sqrt{3}}, \qquad \langle \mathrm{Y}_{20} \mid \cos\theta \mid \mathrm{Y}_{10} \rangle = \frac{2}{\sqrt{15}}
$$

如令

$$\frac{1}{\sqrt{3}}\int_0^\infty R_{31}R_{30}r^3\mathrm{d}r = A, \qquad \frac{2}{\sqrt{15}}\int_0^\infty R_{32}R_{31}r^3\mathrm{d}r = B$$

就有

$$H'_{310,300} = e\mathscr{E}A, \qquad H'_{320,310} = e\mathscr{E}B$$

在$\{\psi_{300},\psi_{310},\psi_{320}\}$子空间中,$H'$的矩阵表示为

$$H' = e\mathscr{E}\begin{bmatrix} 0 & A & 0 \\ A & 0 & B \\ 0 & B & 0 \end{bmatrix} \tag{4}$$

$\psi^{(0)}$应满足本征方程

$$H'\psi^{(0)} = E^{(1)}\psi^{(0)} \tag{5}$$

即

$$e\mathscr{E}\begin{bmatrix} 0 & A & 0 \\ A & 0 & B \\ 0 & B & 0 \end{bmatrix}\begin{bmatrix} C_0 \\ C_1 \\ C_2 \end{bmatrix} = E^{(1)}\begin{bmatrix} C_0 \\ C_1 \\ C_2 \end{bmatrix} \tag{5'}$$

$E^{(1)}$由下式决定:

$$\det(H' - E^{(1)}) = \begin{vmatrix} -E^{(1)} & e\mathscr{E}A & 0 \\ e\mathscr{E}A & -E^{(1)} & e\mathscr{E}B \\ 0 & e\mathscr{E}B & -E^{(1)} \end{vmatrix} = 0 \tag{6}$$

其解为

$$E^{(1)} = 0, \qquad \pm e\mathscr{E}\sqrt{A^2 + B^2} \tag{7}$$

再代入式(5′),就可求出C_0、C_1、C_2,即求出$\psi^{(0)}$.结果为

$$\begin{aligned}
&E^{(1)} = 0 \\
&\psi^{(0)} = \frac{1}{\sqrt{A^2+B^2}}(B\psi_{300} - A\psi_{320}) \\
&E^{(1)} = \pm e\mathscr{E}\sqrt{A^2 + B^2} \\
&\psi^{(0)} = \frac{1}{\sqrt{2(A^2+B^2)}}(A\psi_{300} \pm \sqrt{A^2+B^2}\,\psi_{310} + B\psi_{320})
\end{aligned} \tag{8}$$

2°(311)-(321),零级波函数为

$$\psi^{(0)} = C_1\psi_{311} + C_2\psi_{321}$$

容易算出

$$\langle Y_{21} \mid \cos\theta \mid Y_{11}\rangle = \frac{1}{\sqrt{5}}$$

$$H'_{321,311} = \frac{\sqrt{3}}{2}e\mathscr{E}B$$

在$\{\psi_{311},\psi_{321}\}$子空间中，$H'$的矩阵表示为

$$H' = \frac{\sqrt{3}}{2} e\mathscr{E}B \begin{bmatrix} 0 & 1 \\ 1 & 0 \end{bmatrix} \tag{9}$$

按照题 8.2 讨论的第 **2°**种情形，即可得到能级修正和零级波函数为

$$E^{(1)} = \pm \frac{\sqrt{3}}{2} e\mathscr{E}B$$

$$\psi^{(0)} = \frac{1}{\sqrt{2}}(\psi_{311} \pm \psi_{321}) \tag{10}$$

3° $(31-1)-(32-1)$，类似的计算给出

$$H'_{32-1,31-1} = \frac{\sqrt{3}}{2} e\mathscr{E}B$$

$$E^{(1)} = \pm \frac{\sqrt{3}}{2} e\mathscr{E}B \tag{11}$$

$$\psi^{(0)} = \frac{1}{\sqrt{2}}(\psi_{31-1} \pm \psi_{32-1})$$

数值 A、B 可以利用径向波函数的具体函数形式①算出. 如令 $\xi = 2Zr/3a_0$（$a_0 = \hbar^2/m_e e^2$，为 Bohr 半径），则

$$R_{30} = \left(\frac{Z}{a_0}\right)^{3/2} \frac{2\sqrt{3}}{9}\left(1 - \xi + \frac{1}{6}\xi^2\right) e^{-\xi/2}$$

$$R_{31} = \left(\frac{Z}{a_0}\right)^{3/2} \frac{2\sqrt{6}}{27}\left(\xi - \frac{1}{4}\xi^2\right) e^{-\xi/2}$$

$$R_{32} = \left(\frac{Z}{a_0}\right)^{3/2} \frac{\sqrt{30}}{270}\xi^2 e^{-\xi/2}$$

$$r^3 dr = \left(\frac{a_0}{Z}\right)^4 \frac{81}{16}\xi^3 d\xi$$

$$\int_0^\infty R_{31}R_{30}r^3 dr = -9\sqrt{2}\,\frac{a_0}{Z}$$

$$\int_0^\infty R_{32}R_{31}r^3 dr = -\frac{9}{2}\sqrt{5}\,\frac{a_0}{Z}$$

因此

$$A = -3\sqrt{6}\,\frac{a_0}{Z}$$

$$B = -3\sqrt{3}\,\frac{a_0}{Z} = A/\sqrt{2}$$

---

① 参看曾谨言，《量子力学》卷Ⅰ（第三版）（科学出版社，2000），§ 6.4.

$$\sqrt{A^2 + B^2} = 9a_0/Z \tag{12}$$

由式(7)、(10)、(11)可知，$E_3^{(0)}$ 共分裂成 5 个等距离的能级，

$$\Delta E = E^{(1)} = 0,\ \pm e\mathscr{E}\sqrt{A^2 + B^2},\ \pm \frac{\sqrt{3}}{2} e\mathscr{E}B$$

$$= 0,\ \pm 9e\mathscr{E}a_0/Z,\qquad \mp \frac{9}{2} e\mathscr{E}a_0/Z \tag{13}$$

如下图所示.

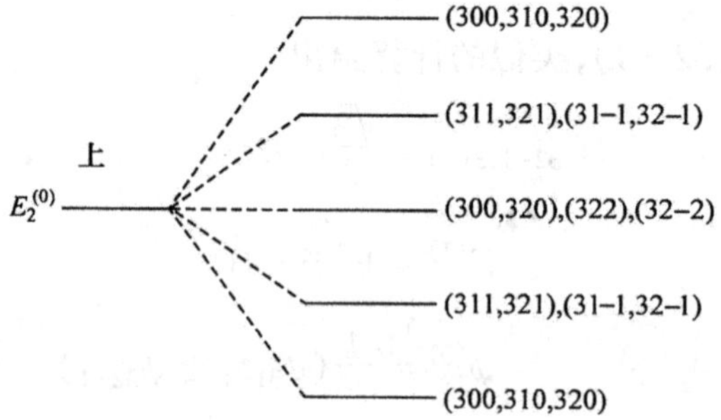

第11章 量子跃迁

11.2 解答与分析见《量子力学习题精选与剖析》[上],10.2题,10.3题.

10.2 氢原子处于基态,受到脉冲电场

$$\mathscr{E}(t) = \mathscr{E}_0\delta(t) \tag{1}$$

作用,$\mathscr{E}_0$为常数.试用微扰论计算电子跃迁到各激发态的概率以及仍停留在基态的概率.

解 自由氢原子的 Hamilton 量记为 H_0,能级记为 E_n,能量本征态记为 ψ_n(n 代表 nlm 三个量子数),满足本征方程

$$H_0\psi_n = E_n\psi_n \tag{2}$$

如以电场方向作为 z 轴,微扰作用势可以表示成

$$H' = e\mathscr{E}(t)\cdot \boldsymbol{r} = e\mathscr{E}_0 z\delta(t) \tag{3}$$

在电场作用过程中,波函数满足 Schrödinger 方程

$$\mathrm{i}\hbar\frac{\partial}{\partial t}\psi(\boldsymbol{r},t) = H_0\psi + H'\psi \tag{4}$$

初始条件为

$$\psi(t=0^-) = \psi_1 \equiv \psi_{100}(r) \tag{5}$$

令

$$\psi(\boldsymbol{r},t) = \sum_n C_n(t)\psi_n(\boldsymbol{r})\mathrm{e}^{-\mathrm{i}E_n t/\hbar} \tag{6}$$

初始条件(5)亦即

$$C_n(0^-) = \delta_{n1} \tag{5'}$$

以式(6)代入式(4),但微扰项 $H'\psi$ 中 ψ 取初始值 ψ_1(这是微扰论的实质性要点!)即得

$$\sum_n \mathrm{i}\hbar\psi_n\frac{\mathrm{d}C_n}{\mathrm{d}t}\mathrm{e}^{-\mathrm{i}E_n t/\hbar} = H'\psi_1 = e\mathscr{E}_0 z\psi_1\delta(t)$$

以 ψ_n^* 左乘上式两端,并对全空间积分,即得

$$\mathrm{i}\hbar\frac{\mathrm{d}C_n}{\mathrm{d}t} = e\mathscr{E}_0 z_{n1}\delta(t)\mathrm{e}^{\mathrm{i}E_n t/\hbar}$$

再对 t 积分,由 $t=0^-\to t>0$,即得

$$C_n(t) = \frac{e\mathscr{E}_0}{\mathrm{i}\hbar}z_{n1} \quad (n\neq 1) \tag{7}$$

因此 $t>0$ 时(即脉冲电场作用后)电子已经跃迁到 ψ_n 态的概率为

$$P_n = |C_n(t)|^2 = \left(\frac{e\mathscr{E}_0}{\hbar}\right)^2 |z_{n1}|^2 \tag{8}$$

根据选择定则($\Delta l=1,\Delta m=0$),终态量子数必须是

$$(nlm) = (n10)$$

即电子只跃迁到各 np 态($l=1$),而且磁量子数 $m=0$.

跃迁到各激发态的概率总和为

$$\begin{aligned}\sum_n{}' P_n &= \left(\frac{e\mathscr{E}_0}{\hbar}\right)^2 \sum_n{}' |z_{n1}|^2 \\ &= \left(\frac{e\mathscr{E}_0}{\hbar}\right)^2 \left[\sum_n |z_{n1}|^2 - |z_{11}|^2\right]\end{aligned} \tag{9}$$

其中

$$z_{11} = \langle\psi_1|z|\psi_1\rangle = 0, \quad (z\text{ 为奇宇称})$$

$$\begin{aligned}\sum_n |z_{n1}|^2 &= \sum_n \langle\psi_1|z|\psi_n\rangle\langle\psi_n|z|\psi_1\rangle \\ &= \langle\psi_1|z^2|\psi_1\rangle = \frac{1}{3}\langle\psi_1|r^2|\psi_1\rangle = a_0^2\end{aligned} \tag{10}$$

a_0 为 Bohr 半径.代入式(9)即得

$$\sum_n{}' P_n = (e\mathscr{E}_0 a_0/\hbar)^2 \tag{11}$$

电场作用后电子仍留在基态的概率为

$$1 - \sum_n{}' P_n = 1 - (e\mathscr{E}_0 a_0/\hbar)^2 \tag{12}$$

10.3 氢原子处于基态,受到脉冲电场

$$\mathscr{E}(t) = \mathscr{E}_0\delta(t)$$

作用,$\mathscr{E}_0$为常数.求作用后($t>0$)发现氢原子仍处于基态的概率(精确解).

解 基态是球对称的,所求概率显然和电场方向无关,也和自旋无关.以$\mathscr{E}_0$方向作为 z 轴,电场对原子的作用能可以表示成

$$H' = ez\mathscr{E}(t) = e\mathscr{E}_0 z\delta(t) \tag{1}$$

以 H_0 表示自由氢原子的 Hamilton 量,则电场作用过程中总 Hamilton 量为

$$H = H_0 + H' = H_0 + e\mathscr{E}_0 z\delta(t) \tag{2}$$

电子的波函数满足 Schrödinger 方程

$$\mathrm{i}\hbar\frac{\partial}{\partial t}\psi(\boldsymbol{r},t) = (H_0 + H')\psi(\mathbf{r},t) \tag{3}$$

初始条件为

$$\psi(t=0^-) = \psi_{100}(r) \equiv \psi_0 \tag{4}$$

为了便于用初等方法求解式(3),我们采取 $\mathscr{E}(t)$的下列表示形式:

$$\mathscr{E}(t)=\begin{cases}\mathscr{E}_0/\tau, & 0\leqslant t\leqslant\tau;\\ 0, & t<0,t>\tau,\end{cases}$$
$$(\tau\to 0^+) \tag{5}$$

$\mathscr{E}(t)$的图形如下图所示.注意

$$\int_{-\infty}^{+\infty}\mathscr{E}(t)\mathrm{d}t=\mathscr{E}_0\int_{-\infty}^{+\infty}\delta(t)\mathrm{d}t=\mathscr{E}_0 \tag{6}$$

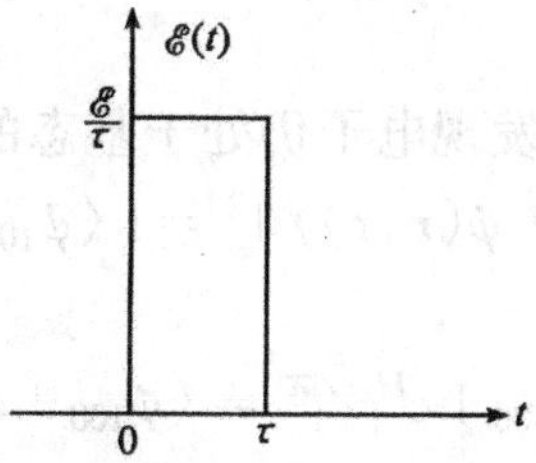

式(5)显然也给出同样的结果.利用式(5),可以将式(1)等价地表示成

$$H'=\begin{cases}e\mathscr{E}_0 z/\tau, & 0\leqslant t\leqslant\tau;\\ 0, & t<0,t>\tau,\end{cases}$$
$$(\tau\to 0^+) \tag{1'}$$

下面将在相互作用表象中求解方程(3),即令

$$\psi(\boldsymbol{r},t)=\mathrm{e}^{H_0 t/\mathrm{i}\hbar}\phi(\boldsymbol{r},t) \tag{7}$$

代入式(3),并用算符 $\mathrm{e}^{-H_0 t/\mathrm{i}\hbar}$左乘之,得到

$$\mathrm{i}\hbar\frac{\partial}{\partial t}\phi(\boldsymbol{r},t)=\widetilde{H}'\phi(\boldsymbol{r},t) \tag{8}$$

其中

$$\widetilde{H}'=\mathrm{e}^{-H_0 t/\mathrm{i}\hbar}H'\mathrm{e}^{H_0 t/\mathrm{i}\hbar} \tag{9}$$

一般来说,H'和 H_0 不对易,但因 H'仅在$0\leqslant t\leqslant\tau$ 才不为0,故当 $\tau\to 0^+$时

$$\mathrm{e}^{H_0 t/\mathrm{i}\hbar}\to 1$$

(条件是 $H_0\tau/\hbar\ll 1$),因此 $\widetilde{H}'\to H'$,代入式(8)即得

$$\mathrm{i}\hbar\frac{\partial}{\partial t}\phi(\boldsymbol{r},t)=H'\phi(\boldsymbol{r},t) \tag{10}$$

再利用式(1′),即得

$$t<0,t>\tau,\ \frac{\partial}{\partial t}\phi(\boldsymbol{r},t)=0$$

$$0\leqslant t\leqslant\tau,\ \frac{\partial}{\partial t}\phi(\boldsymbol{r},t)=\frac{e\mathscr{E}_0 z}{\mathrm{i}\hbar\tau}\phi(\boldsymbol{r},t) \tag{11}$$

初始条件(4)等价于

$$\phi(\boldsymbol{r},0)=\phi_0\equiv\psi_{100}(\boldsymbol{r}) \tag{4'}$$

方程(11)满足初始条件的解显然是

$$\phi(\boldsymbol{r},t) = \phi_0 \exp\left(\frac{e\mathscr{E}_0 z}{\mathrm{i}\hbar\tau}t\right), 0 \leqslant t \leqslant \tau \tag{12}$$

当 $t > \tau$(电场作用以后),$\phi(\boldsymbol{r},t)$不再变化,为

$$\phi(\boldsymbol{r},t) = \phi(\boldsymbol{r},\tau) = \phi_0 \mathrm{e}^{-\mathrm{i}kz},\ \boldsymbol{k} = e\mathscr{E}_0/\boldsymbol{\hbar} \tag{13}$$

代入式(7),即得

$$\psi(\boldsymbol{r},t) = \mathrm{e}^{H_0 t/\mathrm{i}\hbar}\psi_{100}(r)\mathrm{e}^{-\mathrm{i}kz},\ t > 0 \tag{14}$$

这是方程(3)的精确解.

$t>0$ 时(电场作用以后)发现电子仍处于基态的概率为

$$P = |\langle\psi_{100}|\psi(\boldsymbol{r},t)\rangle|^2 = |\langle\psi_{100}|\mathrm{e}^{-\mathrm{i}kz}\psi_{100}\rangle|^2 \tag{15}$$

计算中利用了公式

$$\langle\psi_{100}|\mathrm{e}^{H_0 t/\mathrm{i}\hbar} = \langle\psi_{100}|\mathrm{e}^{E_1 t/\mathrm{i}\hbar}$$

利用基态波函数的具体形式

$$\psi_{100} = (\pi a_0^3)^{-1/2}\mathrm{e}^{-r/a_0} \tag{16}$$

容易算出

$$\begin{aligned}\langle\psi_{100}|\mathrm{e}^{-\mathrm{i}kz}\psi_{100}\rangle &= \frac{1}{\pi a_0^3}\int \mathrm{e}^{-2r/a_0}\mathrm{e}^{-\mathrm{i}kr\cos\theta}r^2\mathrm{d}r\mathrm{d}\Omega \\ &= \frac{4}{a_0^3}\int_0^\infty \frac{\sin kr}{kr}\mathrm{e}^{-2r/a_0}r^2\mathrm{d}r \\ &= \frac{1}{\left(1+\frac{1}{4}k^2a_0^2\right)^2}\end{aligned} \tag{17}$$

a_0 为 Bohr 半径.将上式代入式(15),即得所求概率为

$$P = |\langle\psi_{100}|\psi(\boldsymbol{r},t)\rangle|^2 = \frac{1}{\left(1+\frac{1}{4}k^2a_0^2\right)^4} \tag{18}$$

如电场很弱,即 $ka_0 \ll 1$,上式给出

$$P \approx 1 - k^2a_0^2 = 1 - (e\mathscr{E}_0 a_0/\hbar)^2 \tag{19}$$

这正是上题用微扰论求得的结果,$k^2a_0^2$ 为跃迁到各激发态的概率总和.

11.3 解答与分析见《量子力学习题精选与剖析》[上],10.4 题.

10.4 有一个二能级体系,Hamilton 量记为 H_0,能级和能量本征态记为 E_1, E_2;ψ_1,ψ_2.设 $E_1 < E_2$. $t \leqslant 0$ 时,体系处于状态 ψ_1,$t \geqslant 0$ 时,体系受到微扰 H'作用,设

$$H'_{11} = \alpha,\ H'_{22} = \beta,\ H'_{12} = H'_{21} = \gamma$$

求 $t>0$ 时体系处于 ψ_2 态的概率.

解 $t \geqslant 0$ 时,体系的 Hamilton 量为 $H = H_0 + H'$,其矩阵表示(H_0 表象)为

$$H = H_0 + H' = \begin{bmatrix} E_1 + \alpha & \gamma \\ \gamma & E_2 + \beta \end{bmatrix} \tag{1}$$

设 H 的本征函数为

$$\psi_E = C_1\psi_1 + C_2\psi_2 \Rightarrow \begin{bmatrix} C_1 \\ C_2 \end{bmatrix} \tag{2}$$

代入本征方程

$$H\psi_E = E\psi_E \tag{3}$$

得到

$$\begin{cases} (E_1 + \alpha - E)C_1 + \gamma C_2 = 0 \\ \gamma C_1 + (E_2 + \beta - E)C_2 = 0 \end{cases} \tag{4}$$

上式存在非平庸解的条件为

$$\begin{vmatrix} E_1 + \alpha - E & \gamma \\ \gamma & E_2 + \beta - E \end{vmatrix} = (E_1 + \alpha - E)(E_2 + \beta - E) - \gamma^2 = 0$$

由此解出

$$E = \frac{1}{2}\Big[E_1 + \alpha + E_2 + \beta \pm \sqrt{(E_2 + \beta - E_1 - \alpha)^2 + 4\gamma^2}\,\Big] = E_\pm \tag{5}$$

令

$$\omega_1 = \frac{E_1 + \alpha}{\hbar},\ \omega_2 = \frac{E_2 + \beta}{\hbar},\ \omega = \omega_2 - \omega_1 \tag{6}$$

式(5)可以写成

$$E_\pm = \frac{\hbar}{2}(\omega_1 + \omega_2 \pm \sqrt{\omega^2 + 4\gamma^2/\hbar^2}) \tag{5'}$$

当 $E = E_+$，由式(4)求得

$$C_2 = \frac{\hbar}{2\gamma}(\omega + \sqrt{\omega^2 + 4\gamma^2/\hbar^2})C_1$$

取 $C_1 = 1$，即得相应的能量本征函数(未归一化)为

$$\psi_{E_+} = \psi_1 + \frac{\hbar}{2\gamma}(\omega + \sqrt{\omega^2 + 4\gamma^2/\hbar^2})\psi_2 \tag{7}$$

当 $E = E_-$，类似地可以求得

$$\psi_{E_-} = \psi_1 + \frac{\hbar}{2\gamma}(\omega - \sqrt{\omega^2 + 4\gamma^2/\hbar^2})\psi_2 \tag{8}$$

$t = 0$ 时，体系的初始状态为

$$\psi(t = 0) = \psi_1 = \frac{\Omega - \omega}{2\Omega}\psi_{E_+} + \frac{\Omega + \omega}{2\Omega}\psi_{E_-} \tag{9}$$

其中

$$\Omega = \sqrt{\omega^2 + 4\gamma^2/\hbar^2} \tag{10}$$

因此 $t \geqslant 0$ 时波函数为

$$\psi(t) = \frac{\Omega - \omega}{2\Omega}\psi_{E_+}e^{iE_+t/\hbar} + \frac{\Omega + \omega}{2\Omega}\psi_{E_-}e^{-iE_-t/\hbar} \tag{11}$$

以式(5′)、(7)、(8)代入上式，即得

$$\begin{aligned}\psi(t) = {} & \psi_1\left(\cos\frac{\Omega t}{2} + i\frac{\omega}{\Omega}\sin\frac{\Omega t}{2}\right)e^{+\frac{i}{2}(\omega_1+\omega_2)t} \\ & + \psi_2\left(-i\frac{2\gamma}{\hbar\Omega}\sin\frac{\Omega t}{2}\right)e^{-\frac{i}{2}(\omega_1+\omega_2)t}\end{aligned} \tag{12}$$

体系处于 ψ_2 态的概率为

$$|\langle\psi_2|\psi(t)\rangle|^2 = \left(\frac{2\gamma}{\hbar\Omega}\right)^2\sin^2\frac{\Omega t}{2} \tag{13}$$

11.4 解答与分析见《量子力学习题精选与剖析》[上]，10.6 题．

10.6 有一个自旋 1/2，磁矩为 μ，电荷为 0 的粒子，置于磁场 B 中．开始时 $(t=0)$ 磁场沿 z 方向，$\boldsymbol{B} = \boldsymbol{B}_0 = (0,0,B_0)$，粒子处于 σ_z 的本征态 $\begin{pmatrix}0\\1\end{pmatrix}$，即 $\sigma_z = -1$．$t>0$ 时再加上沿 x 方向的较弱的磁场 $\boldsymbol{B}_1 = (B_1,0,0)$，从而

$$\boldsymbol{B} = \boldsymbol{B}_0 + \boldsymbol{B}_1 = (B_1,0,B_0)$$

求 $t>0$ 时粒子的自旋态，以及测得自旋"向上"$(\sigma_z=1)$的概率．

解 粒子的磁矩算符可以表示成

$$\boldsymbol{\mu} = \mu\boldsymbol{\sigma} \tag{1}$$

$\boldsymbol{\sigma}$ 为 Pauli 自旋算符．磁场对粒子的作用能为

$$H = -\boldsymbol{B}\cdot\boldsymbol{\mu} = -\mu(B_1\sigma_x + B_0\sigma_z) \tag{2}$$

在 σ_z 表象中，H 的矩阵表示为

$$\begin{aligned}H &= -\mu B_1\begin{bmatrix}0 & 1\\1 & 0\end{bmatrix} - \mu B_0\begin{bmatrix}1 & 0\\0 & -1\end{bmatrix} \\ &= -\mu\begin{bmatrix}B_0 & B_1\\B_1 & -B_0\end{bmatrix}\end{aligned} \tag{2′}$$

以下求 H 的本征值和本征函数．设本征函数为

$$\psi = C_1\begin{pmatrix}1\\0\end{pmatrix} + C_2\begin{pmatrix}0\\1\end{pmatrix} = \begin{pmatrix}C_1\\C_2\end{pmatrix} \tag{3}$$

本征方程为 $H\psi = E\psi$，即

$$-\mu\begin{bmatrix}B_0 & B_1\\B_1 & -B_0\end{bmatrix}\begin{pmatrix}C_1\\C_2\end{pmatrix} = E\begin{pmatrix}C_1\\C_2\end{pmatrix} \tag{4}$$

能级方程为

$$\det(E-H)=\begin{vmatrix} E+\mu B_0 & \mu B_1 \\ \mu B_1 & E-\mu B_0 \end{vmatrix}=0 \tag{5}$$

令

$$\mu B_0 = \hbar\omega_0,\ \mu B_1 = \hbar\omega_1,\ \sqrt{\omega_0^2+\omega_1^2}=\omega \tag{6}$$

由式(5)容易解出

$$E = \pm\hbar\omega \tag{7}$$

将 E 之值代回式(4),即可求出如下本征函数:

$$E = \hbar\omega, \qquad E = -\hbar\omega$$

$$C_1/C_2 = -\omega_1/(\omega+\omega_0), \qquad C_1/C_2 = \omega_1/(\omega-\omega_0)$$

$$\psi_+ = \begin{pmatrix} -\omega_1 \\ \omega+\omega_0 \end{pmatrix}, \qquad \psi_- = \begin{pmatrix} \omega_1 \\ \omega-\omega_0 \end{pmatrix} \tag{8}$$

注意,这两个本征函数并未归一化.

将 $t=0$ 时初始波函数按能量本征函数展开,

$$\psi(t=0)=\begin{pmatrix} 0 \\ 1 \end{pmatrix}=\frac{1}{2\omega}(\psi_+ + \psi_-) \tag{9}$$

因此,$t>0$ 时波函数

$$\begin{aligned}\psi(t) &= \frac{1}{2\omega}(\psi_+ \mathrm{e}^{-\mathrm{i}\omega t} + \psi_- \mathrm{e}^{\mathrm{i}\omega t}) \\ &= \mathrm{i}\frac{\omega_1}{\omega}\sin\omega t\begin{pmatrix} 1 \\ 0 \end{pmatrix} \\ &\quad + \left(\cos\omega t - \mathrm{i}\frac{\omega_0}{\omega}\sin\omega t\right)\begin{pmatrix} 0 \\ 1 \end{pmatrix}\end{aligned} \tag{10}$$

注意 $\psi(t)$ 满足归一化条件

$$\langle\psi(t)\mid\psi(t)\rangle = 1$$

在时刻 $t>0$,测得粒子自旋"向上"($\sigma_z=1$)的概率为

$$\begin{aligned}P(\sigma_z=1) &= \left| i\frac{\omega_1}{\omega}\sin\omega t\right|^2 = \frac{\omega_1^2}{\omega^2}\sin^2\omega t \\ &= \frac{B_1^2}{B_0^2+B_1^2}\left[\sin\left(\frac{\mu}{\hbar}\sqrt{B_0^2+B_1^2}t\right)\right]^2\end{aligned} \tag{11}$$

本题可以视为 10.4 题的一个实例.

***11.5** 严格解见《量子力学》卷Ⅰ,502～503页.

本题可严格求解,并可以与微扰论计算结果比较. 在 Schrödinger 方程

$$-\frac{\hbar^2}{2m}\frac{d^2}{dx^2}\psi+\left(\frac{1}{2}m\omega_0^2x^2-q\mathscr{E}x\right)\psi=E\psi \tag{1}$$

中,令

$$\xi=\alpha x,\alpha=\sqrt{m\omega_0/\hbar} \tag{2}$$

则

$$\frac{d^2}{d\xi^2}\psi-\left[\xi^2-\frac{2q\mathscr{E}}{\omega_0\sqrt{m\hbar\omega_0}}\xi\right]\psi=-\frac{2E}{\hbar\omega_0}\psi \tag{3}$$

再令

$$\xi_0=q\mathscr{E}/\omega_0\sqrt{m\hbar\omega_0} \tag{4}$$

$$\eta=\xi-\xi_0 \tag{5}$$

$$\lambda=\frac{2E}{\hbar\omega_0}+\xi_0^2 \tag{6}$$

则

$$\frac{d^2}{d\eta^2}\psi-\eta^2\psi+\lambda\psi=0 \tag{7}$$

式(7)与谐振子的能量本征方程完全相同[见《量子力学》,卷Ⅰ §3.4式(8)]. 只当 $\lambda=2n+1(n=0,1,2,\cdots)$时,才能得到在全空间有界的解,即能量可能取值为

$$\begin{aligned}E_n&=\left(n+\frac{1}{2}\right)\hbar\omega_0-\frac{1}{2}\xi_0^2\hbar\omega_0\\&=\left(n+\frac{1}{2}\right)\hbar\omega_0-\frac{q^2\mathscr{E}^2}{2m\omega_0^2}\end{aligned} \tag{8}$$

与微扰论计算结果(见原书P.501式(25))完全相同. 相应的本征函数为

$$\begin{aligned}\Psi_n&=N_n\exp\left[-\frac{1}{2}\eta^2\right]\mathrm{H}_n(\eta)\\&=N_n\exp\left[-\frac{1}{2}(\xi-\xi_0)^2\right]\mathrm{H}_n(\xi-\xi_0)\\&=N_n\exp\left[-\frac{1}{2}\alpha^2(x-x_0)^2\right]\mathrm{H}_n(\alpha(x-x_0))\end{aligned} \tag{9}$$

其中

$$x_0=\xi_0/\alpha=q\mathscr{E}/m\omega_0^2$$

是有外电场 $\mathscr{E}$ 的情况下,谐振子的新的平衡点的位置,与原书P.502式(27)的结果是相同的. 当然,波函数(9)与一级微扰波函数(26)并不完全相同,但如式(9)对 ξ 作 *Taylor* 展开,准确到微扰(即 $\mathscr{E}$)的一次幂项,并利用 *Hermite* 多项式的递推关系,可证明与原书P.501式(26)波函数相同.

第12章　其他近似方法

12.1　分析与解答见《量子力学习题精选与剖析》[下]，7.21题．

7.21　讨论边长为L的二维盒子中的电子气体的性质．

解　二维盒子中的粒子的能级公式为

$$E = \frac{\pi^2 \hbar^2}{2mL^2}(n_x^2 + n_y^2), \qquad n_x, n_y = 1,2,3,\cdots$$

$$= \frac{\pi^2 \hbar^2}{2mL^2} n^2$$

$$n^2 = n_x^2 + n_y^2 \tag{1}$$

电子从基态开始，在不违反 *Pauli* 原理的原则下，一直往高能级填充，直到 *Fermi* 能级．对于电子数目很大的体系，我们不妨把量子数n看成连续变化，以计算电子气的各种性质．为此，把(n_x, n_y)换成"平面极坐标"(见下图)．考虑到电子的自旋自

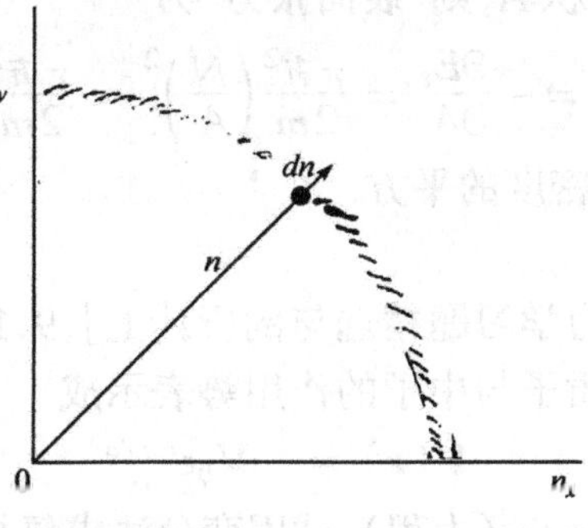

由度，处于量子数$(n, n+dn)$中的电子数为

$$\mathrm{d}N = 2\cdot\frac{2\pi n\,\mathrm{d}n}{4} = \pi n\,\mathrm{d}n \tag{2}$$

利用(1)式，得

$$\mathrm{d}E = \frac{\pi^2 \hbar^2}{mL^2} n\,\mathrm{d}n \tag{3}$$

所以态密度

$$\rho(E) = \frac{\mathrm{d}N}{\mathrm{d}E} = \frac{mL^2}{\pi \hbar^2} \tag{4}$$

电子总数为

$$N = \frac{mL^2}{\pi \hbar^2}\int_0^{E_f} \mathrm{d}E = \frac{mL^2}{\pi \hbar^2}E_f \tag{5}$$

电子的平均能量为(利用(4)式)

$$\bar{E} = \int_0^{E_f} E\mathrm{d}N \Big/ \int_0^{E_f}\mathrm{d}N$$

$$= \int_0^{E_f} E\mathrm{d}E \Big/ \int_0^{E_f}\mathrm{d}E$$

$$= \frac{1}{2}E_f \tag{6}$$

令 $n_e = N/L^2$表示二维电子气的空间面密度,则由(5)式可得

$$E_f = \frac{\pi\hbar^2}{m}\left(\frac{N}{L^2}\right) = \frac{\pi\hbar^2}{m}n_e \propto n_e \tag{7}$$

即 *Fermi* 能量 $E_f \propto n_e$(电子气面密度).

电子气的总能量为

$$E_t = N\bar{E} = \frac{1}{2}NE_F$$

$$= \frac{\pi\hbar^2}{2mL^2}N^2 = \frac{\pi\hbar^2}{2mA}N^2(A = L^2,\text{面积}) \tag{8}$$

如要压缩二维电子气的面积 A,则"表面张力"为

$$F = -\frac{\partial E_t}{\partial A} = \frac{\pi\hbar^2}{2m}\left(\frac{N}{A}\right)^2 = \frac{\pi\hbar^2}{2m}n_e^2 \tag{9}$$

F 正比于二维电子气的面密度的平方.

12.5 解答见《量子力学习题精选与剖析》[上],9.12 题.

9.12 设在氘核中,质子与中子的作用势表示成

$$V(r) = -V_0 e^{-r/a} \tag{1}$$

取 $V_0 = 32.7MeV$,$a = 2.16fm$(力程).试用变分法求氘核的基态能级及基态半径.

解 基态为 s 态($l=0$),波函数为径向函数,为了计算方便,取试探函数为

$$\psi(\lambda, r) = Ne^{-\lambda r/2a} \tag{2}$$

λ 为变分参数,N 为归一化常数.由归一化条件

$$\int |\psi|^2 \mathrm{d}\tau = 4\pi\int_0^\infty \psi^2 r^2 \mathrm{d}r = 1$$

求得

$$N^2 = \lambda^3/8\pi a^3 \tag{3}$$

动能和势能平均值分别为

$$\langle T\rangle = \frac{\hbar^2}{2\mu}\int\left(\frac{\mathrm{d}\psi}{\mathrm{d}r}\right)^2\mathrm{d}\tau = \frac{\hbar^2}{2\mu}\left(\frac{\lambda}{2a}\right)^2$$

$$\langle V\rangle = -V_0N^2 4\pi\int_0^\infty e^{-r/a}e^{-\lambda r/a}r^2 dr$$
$$= -V_0\left(\frac{\lambda}{1+\lambda}\right)^3$$

因此

$$E(\lambda) = \langle T+V\rangle = \frac{\hbar^2\lambda^2}{8\mu a^2} - V_0\left(\frac{\lambda}{1+\lambda}\right)^3 \tag{4}$$

其中 μ 为质子-中子体系约化质量,即

$$\mu = m_p m_n/(m_p + m_n) = 469.45\text{MeV}/c^2$$

由极值条件 $\partial E/\partial\lambda = 0$ 求得 λ 最佳值满足的方程:

$$\frac{\lambda}{(1+\lambda)^4} = \frac{\hbar^2}{12\mu a^2 V_0} \tag{5}$$

给定了上式右端各参数之值后,可用数值解法求出 λ 的最佳值.相应的 $E(\lambda)$ 最小值可以表示成

$$E = \frac{\hbar^2}{4\mu a^2}\lambda^2\left[\frac{1}{2} - \frac{1}{3}(1+\lambda)\right] \tag{6}$$

式(5)中,

$$\frac{\hbar^2}{12\mu a^2 V_0} = \frac{(\hbar c)^2}{12\mu c^2 a^2 V_0} = 0.04531$$

由式(5)求得 λ 最佳值为

$$\lambda = 1.326 \tag{7}$$

代入式(6),即得

$$E = -2.15\text{MeV} \tag{8}$$

氘核基态能级的实验值为 $E = -2.23MeV$,二者相差约 3.6%.

式(2)作为基态波函数的近似表达式,虽不十分准确,但简明易算.例如,由式(2)易得基态最概然半径为

$$r_0 = 2a/\lambda = 3.26\text{fm} \tag{9}$$

和公认的数值基本一致.最概然半径由径向概率密度的极值条件决定,即满足

$$\frac{d}{dr}(r^2\psi^2)\,|_{r=r_0} = 0 \tag{10}$$

由式(2)还可求出基态平均半径为

$$\langle r\rangle = \int r\psi^2 d\tau = 3a/\lambda = 4.89\text{fm} \tag{11}$$